トクとトクイになる！ 小学ハイレベルワーク

4年 算数 もくじ

特別ふろく
- 巻末ふろく しあげのテスト
- WEBふろく WEBでもっと解説
- WEBふろく 自動採点CBT

WEB CBT(Computer Based Testing)の利用方法

コンピュータを使用したテストです。パソコンで下記WEBサイトへアクセスして，アクセスコードを入力してください。スマートフォンでのご利用はできません。

アクセスコード／Dmbbbb88

https://b-cbt.bunri.jp

この本の特長と使い方

この本の構成

標準レベル

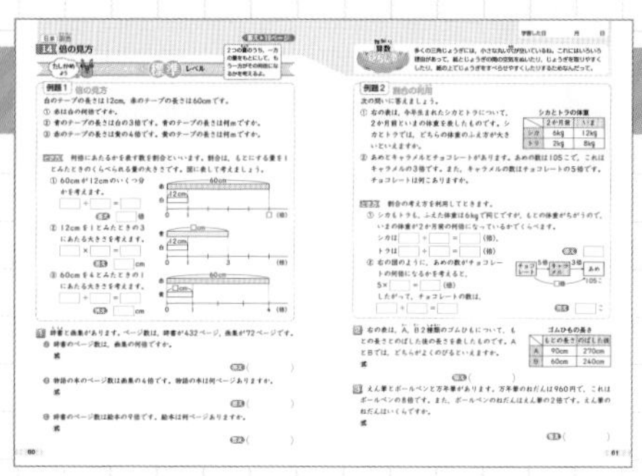

実力を身につけるためのステージです。
教科書で学習する，必ず解けるようにしておきたい標準問題を厳選して，見開きページでまとめています。
例題でそれぞれの代表的な問題に対する解き方を確認してから，演習することができます。
学習事項を体系的に扱っているので，単元ごとに，解けない問題がないかを確認することができるほか，先取り学習にも利用することができます。

ハイレベル

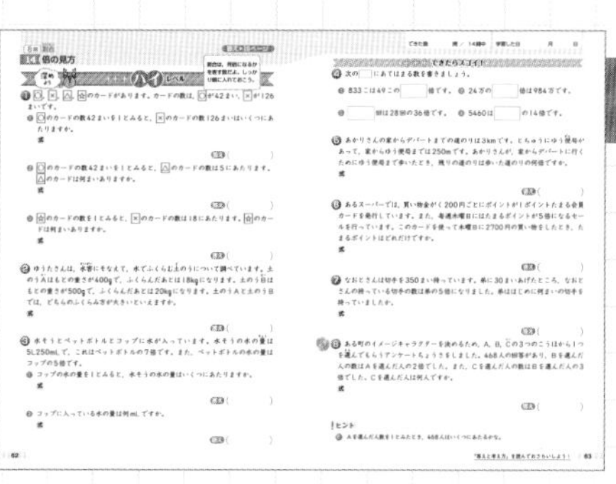

応用力を養うためのステージです。
「算数の確かな実力を身につけたい！」という意欲のあるお子様のために，ハイレベルで多彩な問題を収録したページです。見開きで１つの単元がまとまっているので，解きたいページから無理なく進めることができます。教科書レベルを大きくこえた難しすぎる問題は出題しないように配慮がなされているので，無理なく取り組むことができます。各見開きの最後にある「できたらスゴイ！」にもチャレンジしてみましょう！

思考力育成問題

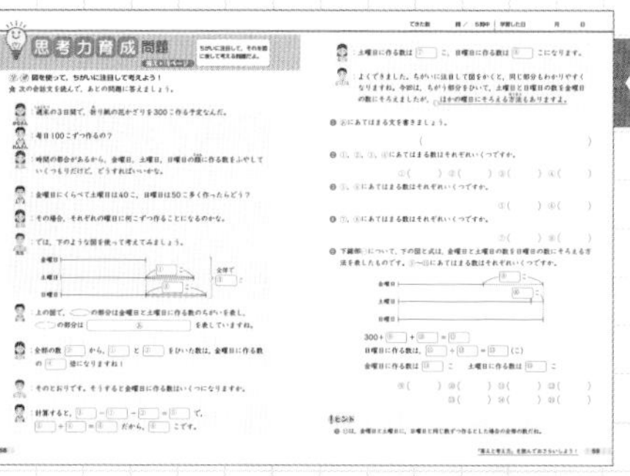

知識そのものでなく，知識をどのように活用すればよいのかを考えるステージです。
普段の学習では見落とされがちですが，これからの時代には，「自分の頭で考え，判断し，表現する学力」が必要となります。このステージでは，やや長めの文章を読んだり，算数と日常生活が関連している素材を扱ったりしているので，そうした学力の土台を形づくることができます。肩ひじを張らず，楽しみながら取り組んでみましょう。
それぞれの問題に，以下のマークのいずれかが付いています。

…思考力を問う問題　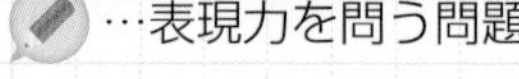…表現力を問う問題　…判断力を問う問題

とりはずし式 答えと考え方

ていねいな解説で，解き方や考え方をしっかりと理解することができます。
まちがえた問題は，時間をおいてから，もう一度チャレンジしてみましょう。

『トクとトクイになる！　小学ハイレベルワーク』は，教科書レベルの問題ではもの足りない，難しい問題にチャレンジしたいという方を対象としたシリーズです。段階別の構成で，無理なく力をのばすことができます。問題にじっくりと取り組むという経験によって，知識や問題に取り組む力だけでなく，「考える力」「判断する力」「表現する力」の基礎も身につき，今後の学習をスムーズにします。

おもなマークやコーナー

マーク

「ハイレベル」の問題の一部に付いています。複数の要素を扱う内容や，複雑な設定が書かれた文章題などの，応用的な問題を表しています。自力で解くことができれば，相当の実力がついているといえるでしょう。ぜひチャレンジしてみましょう。

「標準レベル」の見開きそれぞれについている，算数にまつわる楽しいこぼれ話のコーナーです。勉強のちょっとした息抜きとして，読んでみましょう。

役立つふろくで，レベルアップ！

1 トクとトクイに！　しあげのテスト

この本で学習した内容が確認できる，まとめのテストです。学習内容がどれくらい身についたか，力を試してみましょう。

読むだけで勉強になる，WEB掲載の追加の解説です。
問題を解いたあとで，あわせて確認しましょう。
右のQRコードからアクセスしてください。

コンピュータを使用したテストを体験することができます。専用サイトにアクセスして，テスト問題を解くと，自動採点によって得意なところ（分野）と苦手なところ（分野）がわかる成績表が出ます。

「CBT」とは？

「Computer Based Testing」の略称で，コンピュータを使用した試験方式のことです。
受験，採点，結果のすべてがコンピュータ上で行われます。
専用サイトにログイン後，もくじに記載されているアクセスコードを入力してください。

https://b-cbt.bunri.jp

※本サービスは無料ですが，別途各通信会社からの通信料がかかります。
※推奨動作環境：画角サイズ　10インチ以上　横画面
［PCのOS］Windows10以降　［タブレットのOS］iOS14以降
［ブラウザ］Google Chrome（最新版）　Edge（最新版）　safari（最新版）
※お客様の端末およびインターネット環境によりご利用いただけない場合，当社は責任を負いかねます。
※本サービスは事前の予告なく，変更になる場合があります。ご理解，ご了承いただきますよう，お願いいたします。

答え▶2ページ

1 1億より大きい数，大きい数の計算

大きい数は，右から4けたごとに区切って読もう。位が1つ左に進むと10倍になるよ。

レベル

例題1 大きい数のしくみ

次の数はいくつですか。

① 右の数直線で，㋐にあてはまる数

② 670億を100でわった数

（数直線：0，1兆，㋐）

とき方 数の位は，右の表のようになっています。

千	百	十	一	千	百	十	一	千	百	十	一	千	百	十	一
			兆				億				万				

① めもり10こで1兆だから，1めもりは［　　］億を表しています。

㋐は1兆と［　　］めもりだから，1兆［　　］億です。

② 数は，10でわると位が［　　］けたずつ下がるから，100でわると位が［　　］けたずつ下がります。

			億				万				
6	7	0	0	0	0	0	0	0	0	0	0
	6	7	0	0	0	0	0	0	0	0	0
		6	7	0	0	0	0	0	0	0	0

（÷10，÷10，÷100）

だから，670億を100でわった数は［　　　　］です。

1 次の数直線で，㋐～㋓にあてはまる数はいくつですか。

❶ （数直線：0，㋐，100億）

（　　　　）

❷ （数直線：6000億，8000億，㋑）

（　　　　）

❸ （数直線：㋒，4500兆，4600兆）

（　　　　）

❹ （数直線：2兆9000億，3兆，㋓）

（　　　　）

2 次の数はいくつですか。

❶ 7000億を10倍した数

（　　　　）

❷ 950万を100倍した数

（　　　　）

❸ 6億を10でわった数

（　　　　）

❹ 18兆を100でわった数

（　　　　）

物知り算数豆ちしき

ひと月の日数が31日ではないのは，2月，4月，6月，9月，11月。2月だけ28日までで，あとは30日までだよ。「西向くさむらい→二四六九士（にしむくさむらい）」という覚え方があるよ。「士」→「十」と「一」だね。

例題2　大きい数の計算

次の計算を筆算でしましょう。

① 34億＋128億　　② 206兆－57兆

③ 532×149　　④ 473×608

とき方　たし算やひき算は，同じ位どうしをたしたりひいたりするので，筆算のときは位をそろえて書きます。また，3けたの数をかける筆算は，2けたの数をかける筆算と同じように計算します。

①

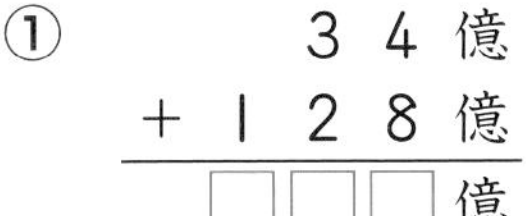

②

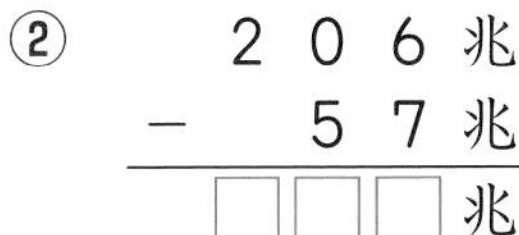

③

```
       5 3 2
    ×  1 4 9
    ---------
     4 7 8 8  ……532×9
   □□□□0    ……532×40
  □□□00     ……532×100
  -----------
  □□□□□□
```

④

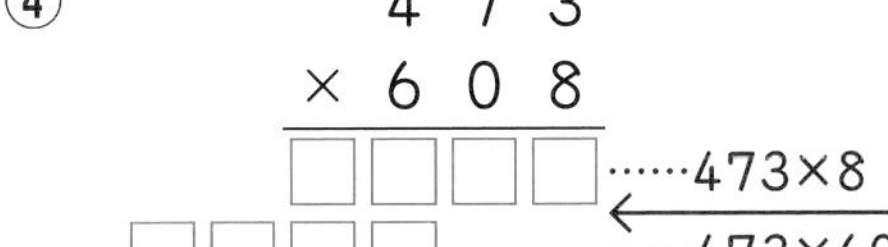

3 次の計算を筆算でしましょう。

❶ 170億＋45億　　❷ 3840億＋6160億　　❸ 923兆－888兆

4 13×15＝195を使って，次の計算をしましょう。

❶ 1300×1500　　❷ 13万×15万　　❸ 13億×15万

5 次の計算を筆算でしましょう。

❶ 24×137　　❷ 358×261　　❸ 542×849

❹ 730×397　　❺ 486×306　　❻ 904×560

答え▶2ページ

1 1億より大きい数，大きい数の計算

深めよう ハイレベル

たし算，ひき算，かけ算，わり算の答えを，それぞれ和，差，積，商というよ。

1 2396009000000について，□にあてはまることばや数を書きましょう。

❶ この数を漢字で書くと，□です。

❷ この数を $\frac{1}{1000}$ にした数を数字で書くと，□です。

❸ 左の「9」が表す大きさは，右の「9」が表す大きさの□倍です。

2 次の数を数字で書きましょう。

❶ 七億八千六百万 （　　　）

❷ 五兆九千二百億 （　　　）

❸ 1000億を3こ，10億を2こ，100万を8こあわせた数 （　　　）

❹ 1000億を47こ集めた数 （　　　）

❺ 1兆より9小さい数 （　　　）

3 次の計算をしましょう。

❶ 23億×100　❷ 4600億×10　❸ 840億×1000

❹ 3兆÷100　❺ 7億5000万÷100　❻ 24兆8000億÷1000

4 次の計算をしましょう。

❶ 3672×374　❷ 8953×607　❸ 425×9812

❹ 6108×7263　❺ 2700×5400　❻ 590×39000

5 再生時間が125秒の動画があります。この動画が745回再生されました。再生時間の合計は何秒ですか。

式

答え（　　　　　）

できたらスゴイ！

6 次の数A(エー)とB(ビー)のうち，大きいのはどちらですか。

❶ A：18億の100倍
　B：1兆8000億の100分の1

（　　　　　）

❷ A：2兆2000億と9900億の差
　B：5600億と7800億の和

（　　　　　）

❸ A：700億の15倍
　B：2000万の1万倍

（　　　　　）

7 差が等しい数がならんでいます。□にあてはまる数を書きましょう。

❶ 380億—650億—□—□

❷ □—8300億—9700億—□

❸ 3兆1000億—1兆8000億—□

8 0から9までの数字をすべて使って，11けたの整数をつくります。次の数を書きましょう。

❶ いちばん大きい数

（　　　　　）

❷ いちばん小さい数

（　　　　　）

❸ 5ばんめに小さい数

（　　　　　）

❹ 200億にいちばん近い数

（　　　　　）

！ヒント

8 11けたの整数だから，百億の位には0以外の数字が入るね。

答え▶3ページ

2 角の大きさの表し方

たしかめよう 標準レベル

角の大きさを角度ともいうよ。角度も，たしたりひいたりすることができるよ。

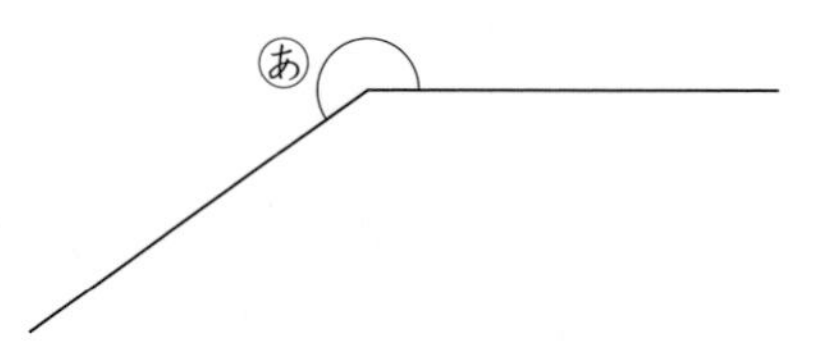

例題1 角の大きさ

右の図で，あの角度をはかりましょう。

とき方 角度は分度器を使ってはかります。

180°より大きい角は，次のようにします。

① 《180°にたす方法》

(1) 点線のように辺をのばして，分度器で(う)の角度を読み取ると，□°

(2) (い)の角度は□°だから，(あ)の角度は，180°＋□°＝□°

② 《360°からひく方法》

(1) 分度器で(え)の角度を読み取ると，□°

(2) 1回転の角度は□°だから，(あ)の角度は，360°−□°＝□°

1 次の図で，(あ)〜(う)の角度をはかりましょう。

❶ ❷ ❸

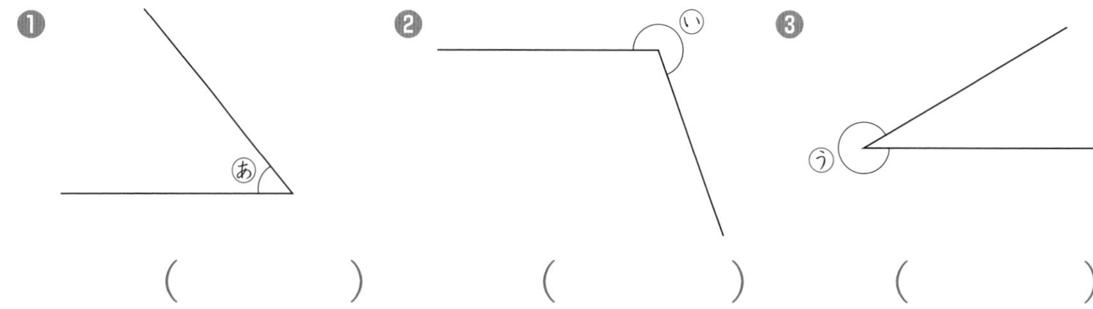

(　　　) (　　　) (　　　)

2 点アを頂点として，次の大きさの角をかきましょう。

❶ 15° ❷ 130° ❸ 205°

ア――――イ　ア――――イ　ア――――イ

学習した日　　　月　　　日

地球が太陽のまわりを一周(いっしゅう)する時間は，およそ365.24219日だよ。365日よりも，少しだけ多いね。だから，実さいの時間に近くなるように，うるう年では1年を366日にしているよ。2月を29日にしているんだ。

例題2　角度の計算

次のあ～うの角度を計算で求め(もと)ましょう。

①

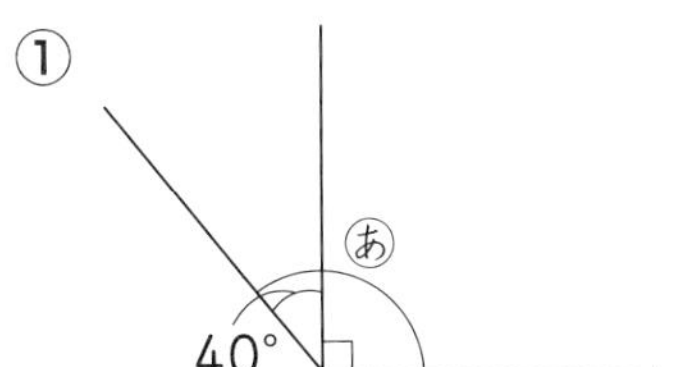

②

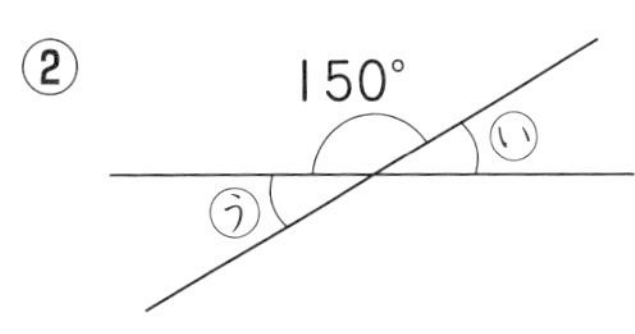

とき方　角度も長さのように，たしたりひいたりして計算することができます。

① 1直角は□°だから，
　あの角度は，90°＋□°＝□°

② 半回転の角度は□°だから，
　いの角度は，180°－□°＝□°
　同じように，うの角度は，180°－□°＝□°

たいせつ
1直角＝90°

さんこう
いとうのように，向かい合った角の大きさは等しくなります。

3　次のあ～えの角度を計算で求めましょう。

❶

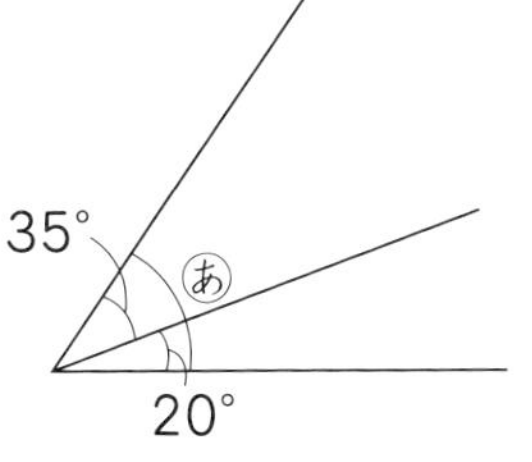

(　　　　)

❷

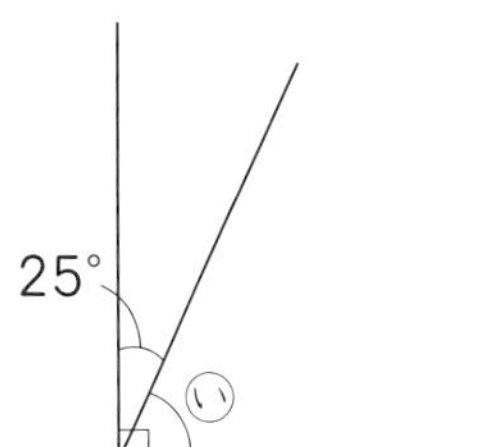

(　　　　)

❸

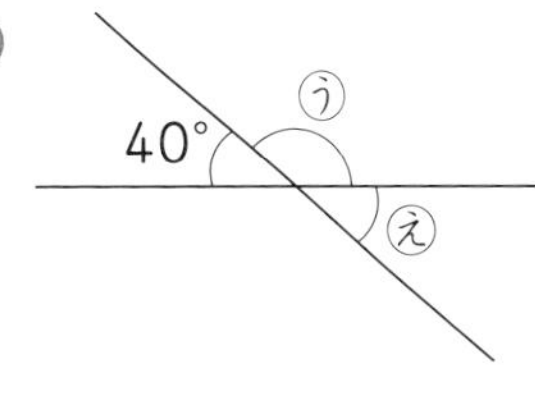

う(　　　　)
え(　　　　)

4　1組の三角じょうぎを組み合わせて，次のような形をつくりました。あ～うの角度を計算で求めましょう。

❶

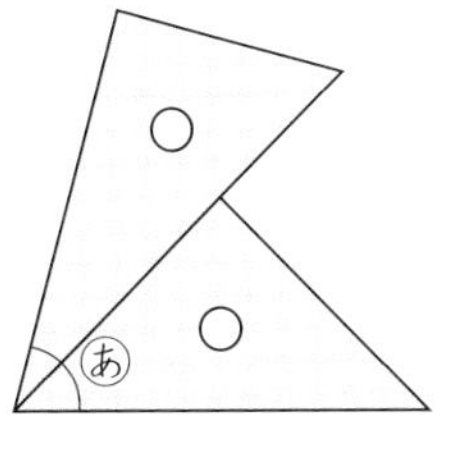

(　　　　)

❷

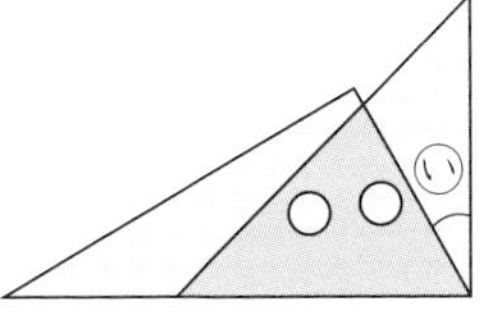

(　　　　)

❸

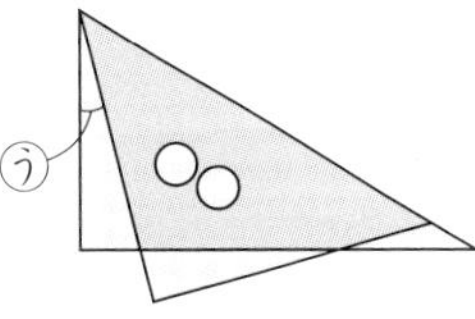

(　　　　)

答え ▶ 3ページ

2 角の大きさの表し方

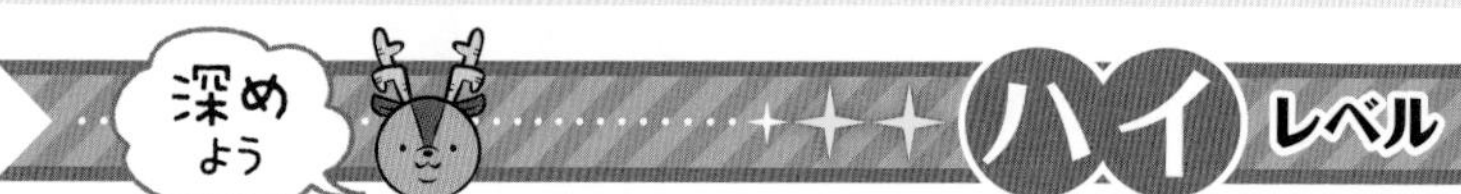

時計のはりや紙の折(お)り返しなど，身のまわりの角についても考えるよ。

1 右の三角形で，㋐〜㋒の角度をはかりましょう。

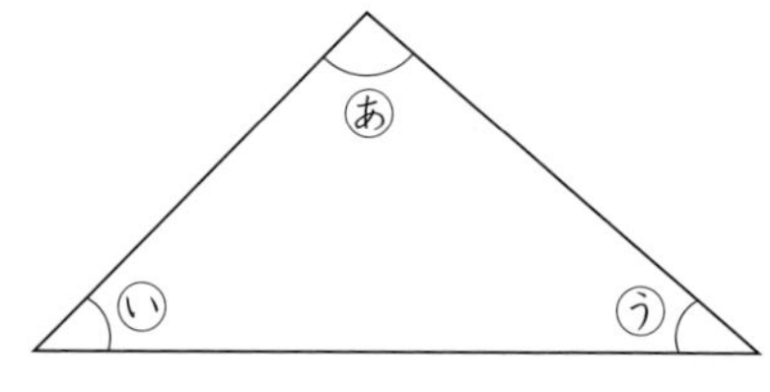

㋐（　　　　）　㋑（　　　　）　㋒（　　　　）

2 次のような三角形をかきましょう。

❶ 1つの辺(へん)の長さが5cmで，その両はしの角の大きさが50°と50°の三角形

❷ 1つの辺の長さが4cmで，その両はしの角の大きさが30°と110°の三角形

3 次の㋐〜㋒の角度を計算で求(もと)めましょう。

❶

70°
㋐

（　　　　）

❷

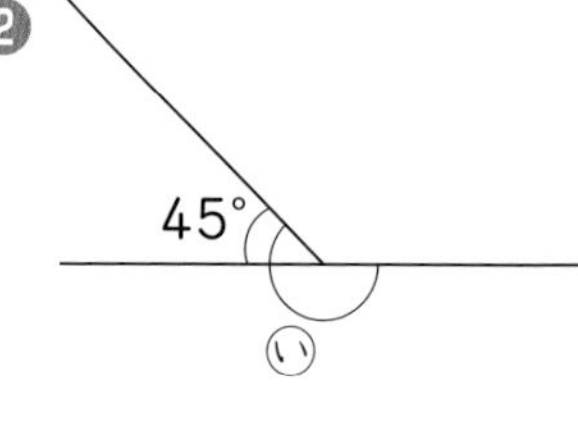

（　　　　）

❸

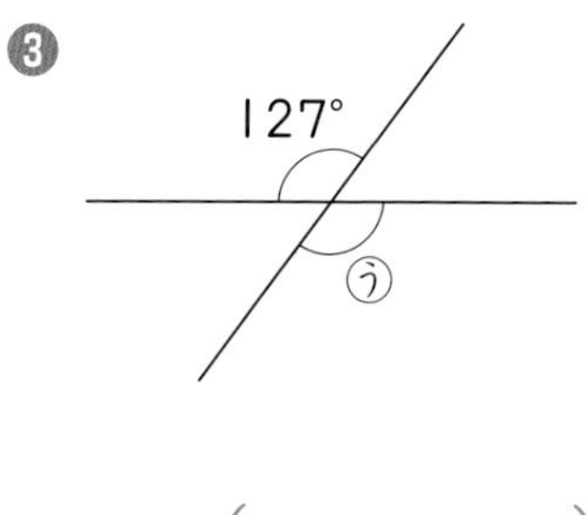

（　　　　）

4 1組の三角じょうぎを組み合わせて，次のような形をつくりました。㋐〜㋒の角度を計算で求めましょう。

❶

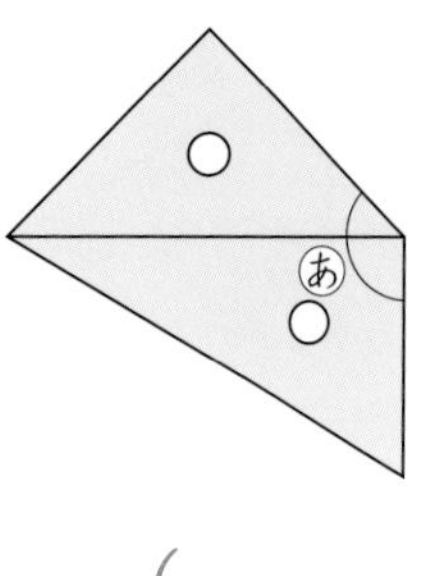

（　　　　）

❷

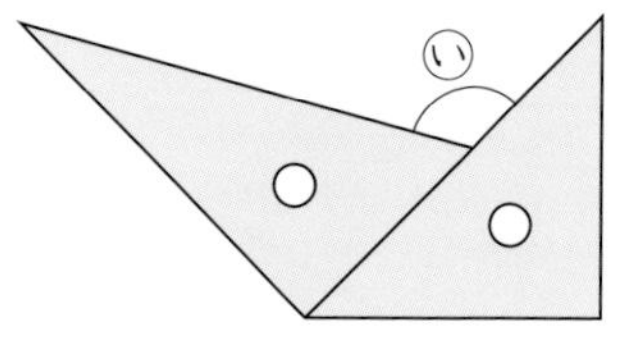

（　　　　）

❸

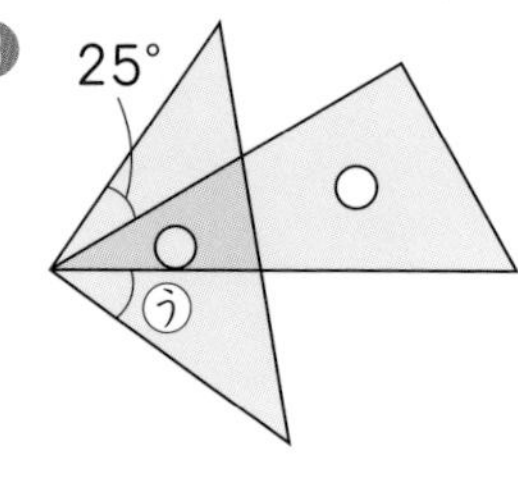

（　　　　）

✦✦✦ できたらスゴイ！

5 次のあ〜うの角度を計算で求めましょう。

❶
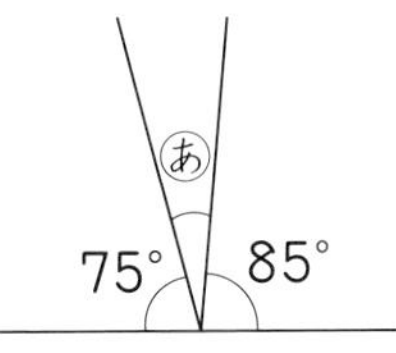

❷
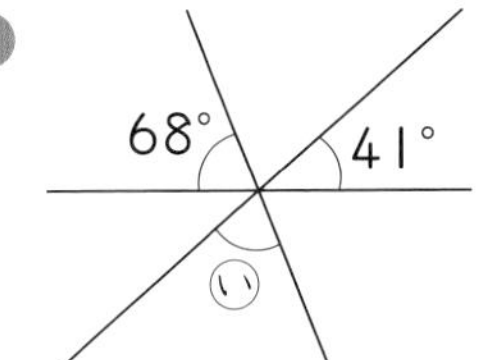

❸
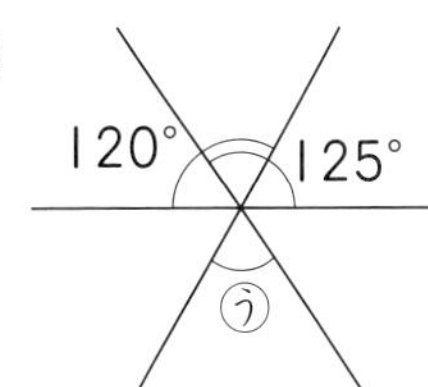

(　　　　)　(　　　　)　(　　　　)

6 時計の長いはりが，次の時間にまわる角の大きさは何度ですか。

❶ 15分　(　　　　)

❷ 5分　(　　　　)

❸ 1分　(　　　　)

❹ 38分　(　　　　)

7 次の時こくに，時計の長いはりと短いはりがつくる角の大きさは何度ですか。

❶ 2時

❷ 7時

❸ 12時30分

(　　　　)　(　　　　)　(　　　　)

8 次の図のように，長方形の紙を折りました。あ，いの角度は何度ですか。

❶
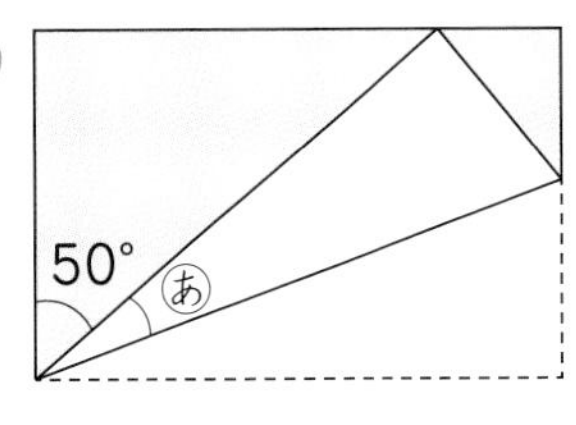

❷
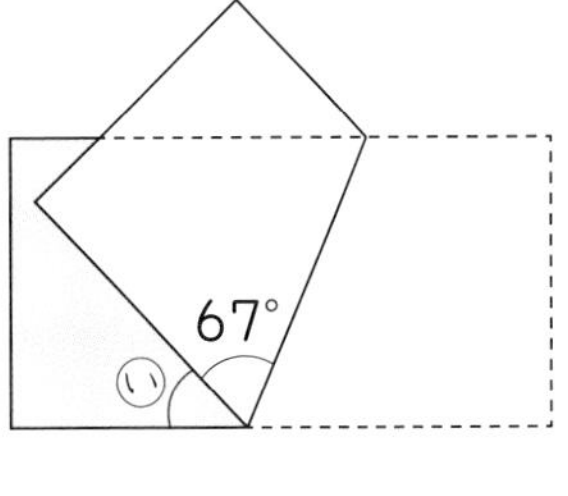

(　　　　)　(　　　　)

ヒント

7 短いはりが1時間にまわる角度は，長いはりが5分間にまわる角度と等しいね。

8 折ってできる角と，もとの角との大きさの関係(かんけい)はどうなるかな。

3 折れ線グラフ

答え▶4ページ

たしかめよう　標準レベル

まずは，折れ線グラフの読み方やかき方から練習しよう。

例題1 折れ線グラフの読み方

ある日の気温の変わり方を調べて，右のような折れ線グラフに表しました。

① 午前10時の気温は何度ですか。

② 気温がいちばん高いのは何時で，何度ですか。

③ 気温の下がり方がいちばん大きいのは，何時と何時の間ですか。

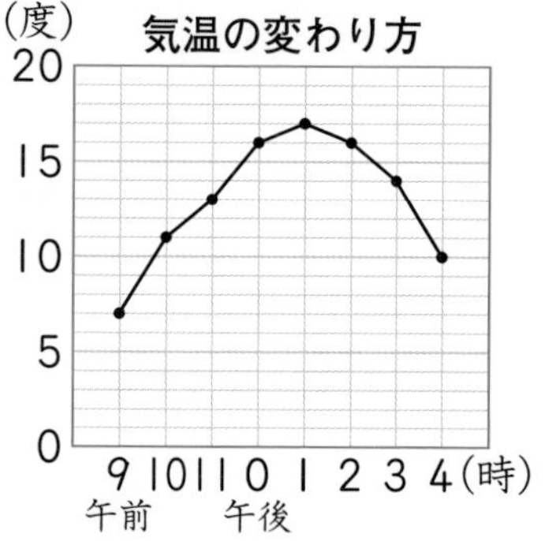

とき方 横のじくは時こく，たてのじくは気温を表しています。

① たてのじくの1めもりは［　　］度を表しています。午前10時のめもりの線とグラフが交わるところの気温を読み取ると，［　　］度です。

② グラフがいちばん上にあるときの時こくと気温を読み取ると，時こくは午後［　　］時で，気温は［　　］度です。

③ グラフの線が右下がりで，かたむきがいちばん急なところだから，午後［　　］時と午後［　　］時の間です。

1 ある日の気温の変わり方を調べて，下のような折れ線グラフに表しました。

(度)
気温の変わり方
30
25
20
15
10
5
0
9 10 11 0 1 2 3 4 (時)
午前
午後

❶ 午前9時の気温は何度ですか。

(　　　　)

❷ 気温が26度だったのは何時ですか。

(　　　　)

❸ 気温が変わらないのは，何時と何時の間ですか。

(　　　　)

❹ 気温の上がり方がいちばん大きいのは，何時と何時の間ですか。

(　　　　)

2024年のように，年号の数字が４でわり切れる年は，ほとんどうるう年だよ。でも，2100年のように，100でわり切れるけれど400でわり切れない年だけは，うるう年ではないよ。

例題２　折れ線グラフのかき方

右の表は，ある日の気温を調べたものです。折れ線グラフに表しましょう。

気温の変わり方

時こく(時)	午前9	10	11	午後0	1	2	3	4
気温(度)	8	14	17	18	19	18	16	13

とき方　次のようにかいて，右のグラフを完成させましょう。

(1) 表題を書く。

(2) 横のじくに時こくをとり，同じ間をあけて書く。単位も書く。

(3) たてのじくに気温をとり，いちばん高い気温が表せるようにめもりをつけて書く。単位も書く。

(4) それぞれの時こくの気温を表す点をうち，直線で結ぶ。

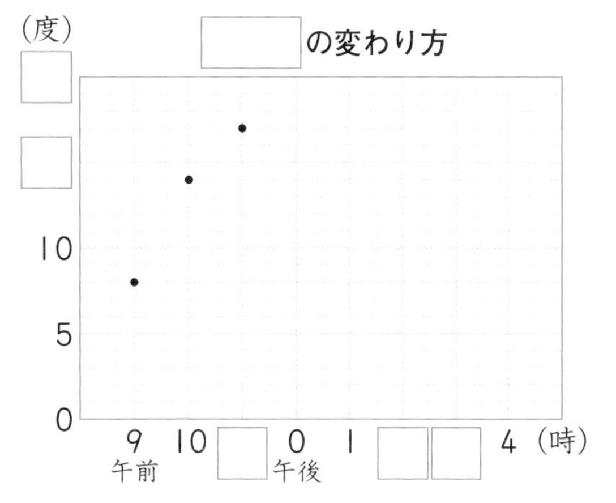

2　右の表は，ある町の１年間の気温を調べたものです。折れ線グラフに表しましょう。

気温の変わり方

月	1	2	3	4	5	6	7	8	9	10	11	12
気温(度)	4	5	8	14	18	22	25	27	23	17	11	6

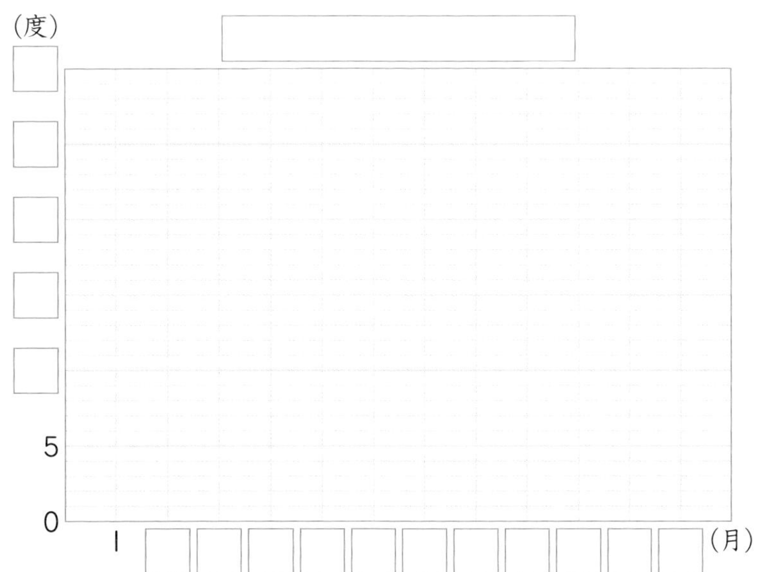

答え▶4ページ

3 折れ線グラフ

深めよう ハイレベル

折れ線グラフを読むときは，たてのじくの1めもりが何を表しているかに注意しよう。

1 右の折れ線グラフは，けんごさんが2時間ごとにはかった体温のようすです。

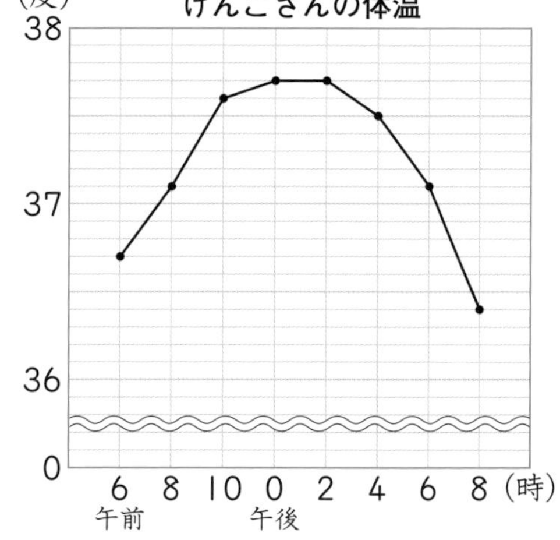

❶ 午前6時の体温は何度ですか。

(　　　　)

❷ 体温が0.1度上がったのは，何時と何時の間ですか。

(　　　　)

❸ 体温の下がり方がいちばん大きいのは，何時と何時の間ですか。

(　　　　)

2 右の表は，池の水の深さを5月から12月まではかったものです。これを**図1**のような折れ線グラフに表しました。

池の水の深さ

月	5	6	7	8	9	10	11	12
深さ(cm)	22	23	21	22	25	27	26	24

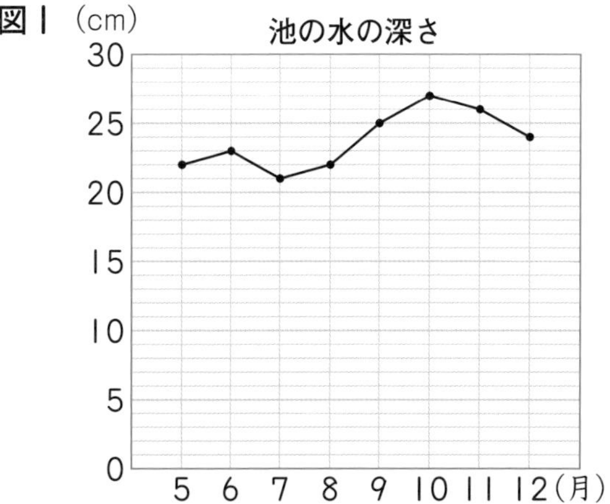

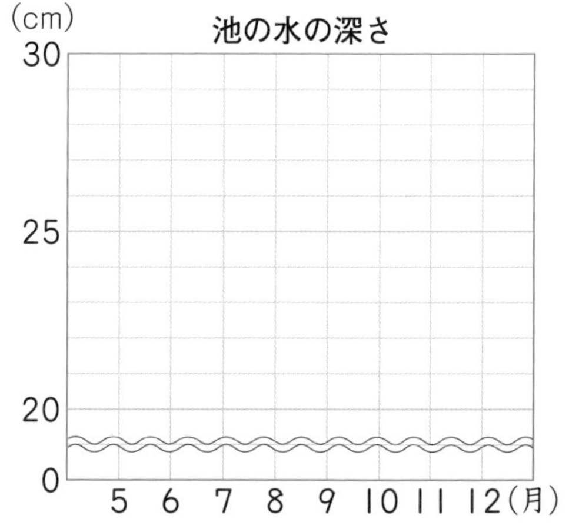

❶ **図2**は，〰〰を使ってめもりのとちゅうを省(はぶ)いています。**図2**に，池の水の深さの折れ線グラフをかきましょう。

❷ **図2**のようにめもりのとちゅうを省くと，**図1**とくらべてどのようなよいことがありますか。

(　　　　)

3 次のことがらのうち，折れ線グラフに表すとよいものをすべて選びましょう。

ア　1時間に橋をわたった自動車の色ごとの台数

イ　校庭の地面の1時間ごとの温度

ウ　1か月間に図書室でかし出された本のクラスごとのさっ数

エ　1か月ごとにはかったみゆさんの身長

（　　　　）

できたらスゴイ！

4 下の表と折れ線グラフは，1日から10日までの10日間の文鳥の体重を表したものです。

文鳥の体重

日	1	2	3	4	5	6	7	8	9	10
体重(g)	24.8			24.5	25.0	25.3	25.4	26.1	26.3	26.3

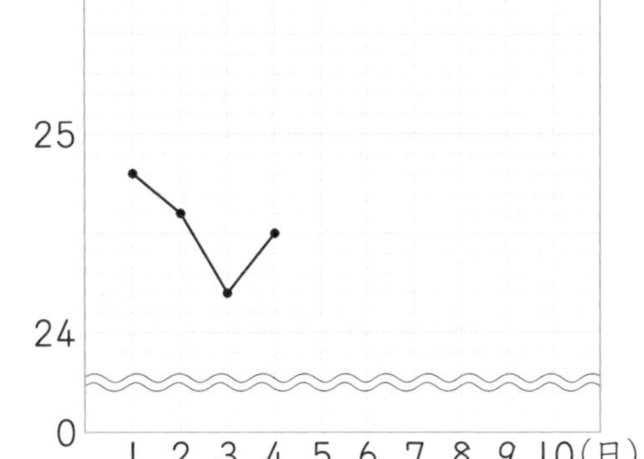

❶ 2日，3日の体重はそれぞれ何gですか。

2日（　　　　）

3日（　　　　）

❷ 折れ線グラフの続き(つづ)をかいて，グラフを完成(かんせい)させましょう。

❸ 体重がふえたのは，3日と何日の間ですか。

（　　　　）

❹ いちばん重い体重といちばん軽い体重のちがいは何gですか。

（　　　　）

❺ 11日の体重は10日よりふえました。そのふえ方は，1日から10日までで前日からふえたうちの，ふえ方がいちばん小さかったときと同じでした。11日の体重は何gですか。

（　　　　）

ヒント

4 ❺ 体重のふえ方がいちばん小さいのは何日と何日の間で，何gふえたかを求めよう。

答え▶5ページ

4 いろいろな折れ線グラフ，整理のしかた

2つのことがらを折れ線グラフに表したり，表に整理したりするとくらべやすくなるよ。

たしかめよう 標準レベル

例題1 いろいろな折れ線グラフ

ある日の気温とプールの水温の変わり方を調べて，右のような折れ線グラフに表しました。

① 水温が気温より高いのは何時ですか。

② 午前8時の気温と水温のちがいは何度ですか。

③ 気温と水温のちがいがいちばん大きいのは何時で，ちがいは何度ですか。

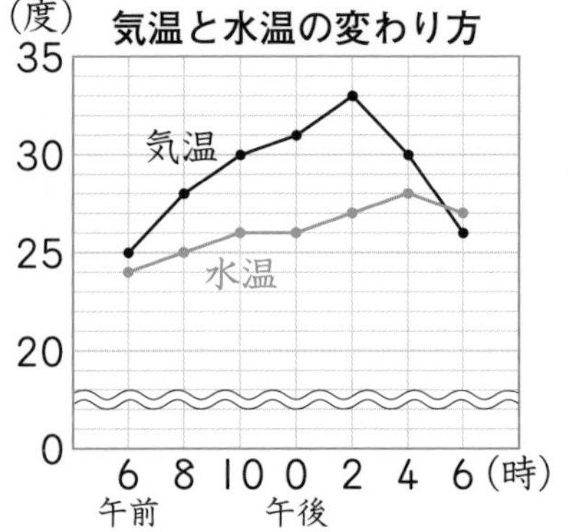

とき方 2つの折れ線を1つのグラフに表すと，変わり方のちがいがわかりやすくなります。

① 水温の点が気温の点より上にある時こくだから，午後□時です。

② 午前8時の気温は□度，水温は□度だから，ちがいは，
□－□＝□より，□度です。

③ 点と点の間がいちばんはなれている時こくと，そのときの温度のちがいを答えればよいので，午後□時で，ちがいは□度です。

1 ある日の気温と地温(地面の温度)の変わり方を調べて，下のような折れ線グラフに表しました。

❶ 午前6時の気温と地温のちがいは何度ですか。

(　　　)

❷ 気温と地温のちがいが2度となるのは，何時と何時ですか。

(　　　)

❸ 気温と地温のちがいがいちばん大きいのは何時で，ちがいは何度ですか。

(　　　)

(度)
気温と地温の変わり方
35
30
25
20
15
0
地温
気温
6 8 10 0 2 4 6 (時)
午前
午後

日づけをごろあわせにして，記念日(きねんび)をきめることがよくあるよ。7月4日は，「ナ(7)シ(4)」で，「ナシの日」。8月7日は，「バ(8)，ナナ(7)」で，「バナナの日」。おもしろいね！

例題2　整理のしかた

下の表は，学校で先月けがをした人をまとめたものです。けがをした場所と種類(しゅるい)に注目して，どこでどんなけがをした人が，いちばん多いかを答えましょう。

けが調べ

学年	場　所	種　類	学年	場　所	種　類	学年	場　所	種　類
4	校庭	すりきず	5	校庭	切りきず	5	校庭	ねんざ
3	教室	切りきず	6	体育館	すりきず	6	体育館	打ぼく
5	体育館	打ぼく	1	校庭	すりきず	4	教室	切りきず
6	体育館	ねんざ	3	校庭	切りきず	3	体育館	打ぼく
2	ろう下	すりきず	2	ろう下	すりきず	3	校庭	切りきず
1	教室	すりきず	6	校庭	打ぼく	4	体育館	すりきず
4	体育館	打ぼく	2	教室	すりきず	6	校庭	打ぼく

とき方　右の表に，「正」の字を書いて調べます。それぞれの合計を書いて，この表を完成(かんせい)させましょう。

けがをした場所と種類　　（人）

場所＼種類	すりきず		切りきず		打ぼく		ねんざ		合計
校庭	丅	2	下	3	丅	2	一	1	8
教室	丅	2	丅	2		0		0	
体育館	丅	2		0	止	4	一	1	
ろう下	丅	2		0		0		0	
合　計	8								

答え　［　　　］で，［　　　］の人がいちばん多い。

2　例題2 のけが調べの記録(きろく)について，けがをした学年と場所に注目して右の表にまとめ，次の問いに答えましょう。

けがをした学年と場所　　（人）

学年＼場所	校庭		教室		体育館		ろう下		合計
1年生									
2年生									
3年生									
4年生									
5年生									
6年生									
合　計									

❶ 4年生でけがをした人は何人ですか。

（　　　　）

❷ 3年生で，けががいちばん多かった場所はどこですか。

（　　　　）

答え▶5ページ

4 いろいろな折れ線グラフ，整理のしかた

深めよう ハイレベル

2つのことがらに注目した表では，たての合計と横の合計が等しくなるよ。

1 下の折れ線グラフは，静岡市とアルゼンチンのブエノスアイレスの1年間の気温を調べたものです。

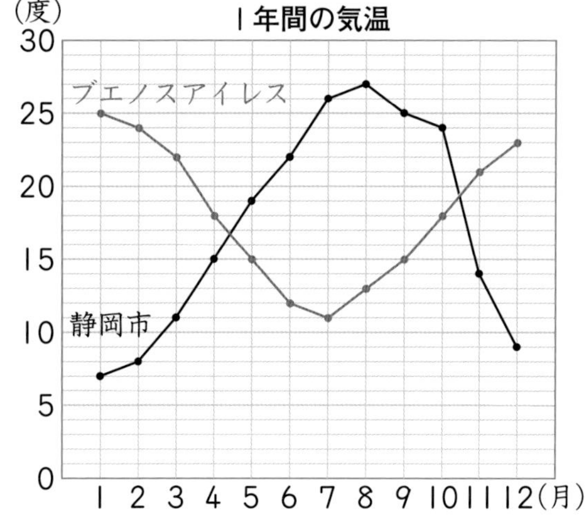

❶ 静岡市の気温がブエノスアイレスの気温より高いのは，何月から何月までですか。

(　　　　　　　)

❷ 静岡市とブエノスアイレスの気温のちがいがいちばん大きいのは何月で，ちがいは何度ですか。

(　　　　　　　)

❸ 1年間で，いちばん高い気温といちばん低い気温とのちがいが大きいのは，静岡市とブエノスアイレスのどちらで，ちがいは何度ですか。

(　　　　　　　)

2 ひとみさんのクラスは34人です。なわとびについて調べたところ，あやとびができる人は28人，二重とびができる人は19人で，あやとびも二重とびもできない人は3人でした。

なわとび調べ　(人)

		二重とび		合　計
		できる	できない	
あやとび	できる	あ	い	う
	できない	え	お	か
合　計		き	く	け

❶ 表のあは，どのような人を表していますか。

(　　　　　　　)

❷ あ〜けにあてはまる数を書き入れて，表を完成させましょう。

❸ あやとびと二重とびの，どちらか一方だけができる人は何人ですか。

(　　　　　　　)

✦✦✦ できたらスゴイ！

3 下のグラフは，新潟(にいがた)市の１年間の気温を折れ線グラフに，こう水量をぼうグラフに，それぞれ表したものです。

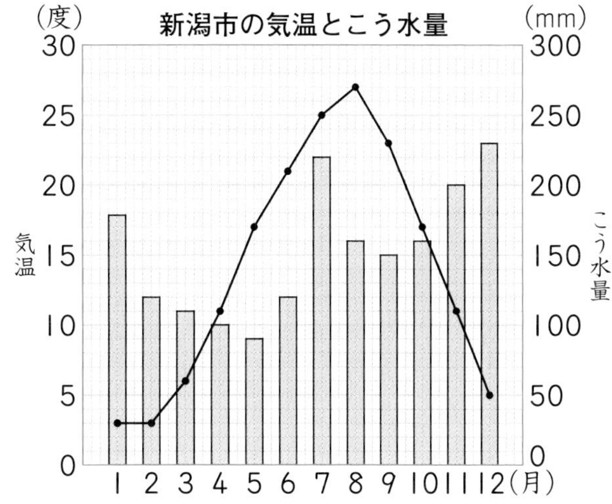

❶ ３月の気温は何度ですか。また，こう水量は何mmですか。

気温（　　　　）

こう水量（　　　　）

❷ 気温が２番目に高い月のこう水量は何mmですか。

（　　　　）

❸ 前の月より気温が下がり，こう水量がへったのは何月ですか。

（　　　　）

❹ 次のことがらが正しいか，正しくないかを答えましょう。

気温が高いほど，こう水量が多い

（　　　　）

4 下の表は，しんごさんのクラス全員について，計算テストと漢字テストのとく点をまとめたものです。数が書かれていないところは０人を表しています。

❶ このクラスの人数は何人ですか。

（　　　　）

❷ 計算テストが８点の人は何人ですか。

（　　　　）

❸ ２つのテストのとく点の合計が，16点から20点の人は何人いますか。

（　　　　）

計算テストと漢字テストのとく点（人）

		漢字テスト				
		2点	4点	6点	8点	10点
計算テスト	2点	1		1		
	4点	1	2	2	1	
	6点		1	4	2	2
	8点		1	1	6	5
	10点			1	2	3

! ヒント

3 ❹ 気温が上がったときこう水量がふえ，気温が下がったときにこう水量がへっているかどうかを調べよう。

4 ❸ どちらかが２点や４点の場合は，合計はかならず16点より低くなるね。

答え▶6ページ

5 (2けたの数)÷(1けたの数)のわり算

わり算の筆算は，練習がたいせつ。まずは，何十，何百のわり算から始めよう。

標準レベル

例題1 何十，何百のわり算

次の計算をしましょう。

① 60÷2　　② 800÷4

とき方 10や100をもとにして，それがいくつあるかを考えます。

① 60は10が6こです。
2でわると，6÷2=□ より，
10の□こ分で，□です。

6 ÷ 2 = 3
↓10倍　↓10倍
60 ÷ 2 = □

② 800は100が8こです。
4でわると，8÷4=□ より，
100の□こ分で，□です。

8 ÷ 4 = 2
↓100倍　↓100倍
800 ÷ 4 = □

1 次の計算をしましょう。

❶ 40÷2　❷ 600÷3　❸ 420÷7

例題2 (2けたの数)÷(1けたの数)の筆算

84÷3を筆算でしましょう。

とき方 わり算の筆算は，大きい位(くらい)から順(じゅん)に計算します。

```
3)84
```

```
   □
3)84
  6
  □
```

十の位の計算
8÷3で，
商2をたてる。
3×2=6
8−6=2

```
   2
3)84
  6
  2□
```

一の位の4を
おろす

```
   2□
3)84
  6
  24
  24
   0
```

一の位の計算
24÷3で，
商8をたてる。
3×8=24
24−24=0

「いちごの日」という日があるよ。1月15日だよ。「いい(1)，いちご(15)の日」だから，1月15日。いちごの収穫(しゅうかく)がもっともさかんな時期なんだって。1月5日ではないんだね！

2 次の計算を筆算でしましょう。

❶ 94÷2　　❷ 75÷3　　❸ 78÷6

❹ 80÷5　　❺ 84÷4　　❻ 96÷3

例題3 あまりのある(2けたの数)÷(1けたの数)の筆算

61÷2を筆算でしましょう。けん算もしましょう。

とき方 あまりがあるときは，商とあまりを答えます。

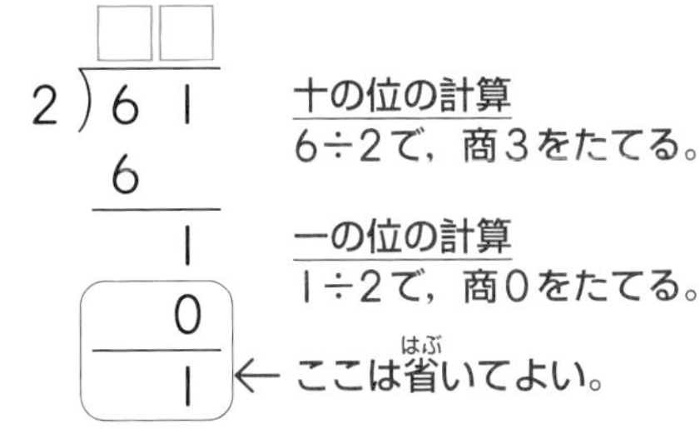

十の位の計算
6÷2で，商3をたてる。

一の位の計算
1÷2で，商0をたてる。

← ここは省(はぶ)いてよい。

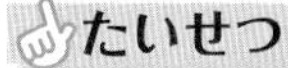

わられる数がわる数より小さくなるときは，商に0をたてます。
また，商に0がたつときの計算は，省くことができます。

61÷2＝□ あまり □

あまりはわる数より小さくなる。

けん算　2×□＋□＝□

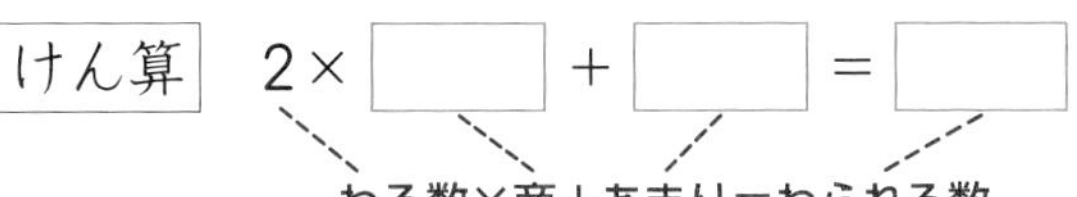

3 次の計算を筆算でしましょう。けん算もしましょう。

❶ 73÷5　　❷ 96÷9

けん算（　　　　）　　けん算（　　　　）

4 次の計算を筆算でしましょう。

❶ 85÷3　　❷ 88÷6　　❸ 93÷7

❹ 49÷4　　❺ 65÷3　　❻ 41÷2

答え▶6ページ

5 (2けたの数)÷(1けたの数)のわり算

深めよう ハイレベル

わり算の筆算になれたら，わり算を使った文章題にも取り組もう。

1 次の計算をしましょう。

❶ 300÷5　❷ 5400÷9　❸ 4000÷8

❹ 56÷2　❺ 75÷4　❻ 46÷3

❼ 77÷7　❽ 95÷3　❾ 64÷6

2 90このキャンディーを，6人で同じ数ずつ分けます。1人分は何こになりますか。

式

答え（　　　　）

3 95mのひもを8mずつ切ると，何本とれて何mあまりますか。

式

答え（　　　　）

4 ある数を6でわったとき，商が13であまりが5になりました。ある数を求めましょう。

式

答え（　　　　）

5 スギの木の高さは32mで，ヒマワリの高さは2mです。スギの木の高さは，ヒマワリの高さの何倍ですか。

式

答え（　　　　）

✦✦✦できたらスゴイ！

6 次の□にあてはまる数字を書きましょう。

❶
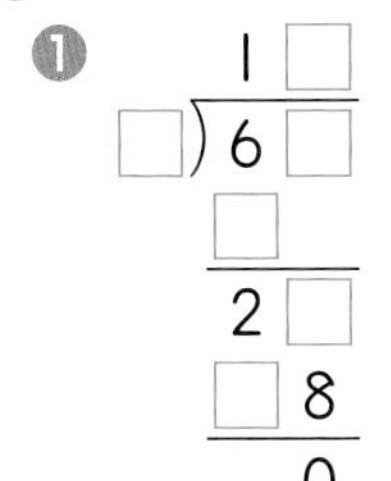

❷
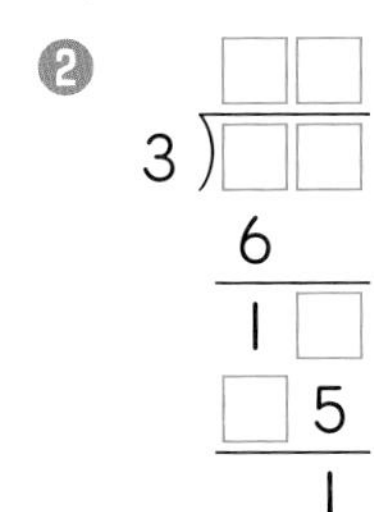

7 78ページある本を，毎日5ページずつ読む計画を立てました。この本1さつを読み終えるには，何日必要(ひつよう)ですか。

式

答え（　　　　）

8 まわりの長さが72cmの長方形があります。横の長さがたての長さの2倍のとき，この長方形のたての長さは何cmですか。

式

答え（　　　　）

9 赤い箱に40こ，青い箱に18このボールが入っています。赤い箱のボールを，青い箱に何こかうつしたところ，2つの箱のボールは同じ数になりました。赤い箱から青い箱にうつしたボールの数は何こですか。

式

答え（　　　　）

10 下の図のように，○，●，□，■の4つの記号を，あるきそくにしたがってならべました。

○ ○ ● □ ■ ■ ■ ○ ○ ● □ ■ ■ ■ ○ ○ ● □ ■ ■ ……

左から89番目の記号は，○，●，□，■のうちのどれになりますか。

式

答え（　　　　）

！ヒント

9 うつしたあと，赤と青の箱のボールの数は何こずつになるかな。

10 まず，どんなきそくかを考えよう。○，●，□，■は何こずつならんでいるかな。

答え▶7ページ

6 (3けたの数)÷(1けたの数)のわり算，暗算

ひき続(つづ)きわり算を勉強しよう。けたが大きくなるけど，考え方は同じだよ。

レベル

例題1 (3けたの数)÷(1けたの数)の筆算

次の計算を筆算でしましょう。けん算もしましょう。

① 447÷3　　② 382÷7

とき方 わられる数のけたが大きくなっても，同じように計算します。②では，わられる数の百の位(くらい)の数がわる数より小さいので，商は十の位からたちます。

①
```
     1□□
  3)4 4 7
    3
    ─────
    1 4
    □□
    ─────
      □□
      □□
      ───
        0
```
百の位の計算
4÷3=1あまり1

十の位の計算
14÷3=4あまり2

一の位の計算
27÷3=9

けん算

3×□=□

②
```
       5□
  7)3 8 2
    3 5
    ─────
      □□
      □□
      ───
        □
```
百の位の計算
3÷7で，
商はたたない。

十の位の計算
38÷7=5あまり3

一の位の計算
32÷7=4あまり4

けん算

7×□+□=□

1 次の計算を筆算でしましょう。けん算もしましょう。

❶ 764÷6　　❷ 245÷5

けん算(　　　　　)　　けん算(　　　　　)

2 次の計算を筆算でしましょう。

❶ 714÷2　　❷ 905÷4　　❸ 899÷8

❹ 516÷3　　❺ 482÷2　　❻ 760÷4

❼ 362÷3　　❽ 978÷9　　❾ 507÷5

学習した日　　月　　日

3月13日は，「サンドイッチの日」だよ。「313」の数字のならびは，3の間に1がはさまれているね。そのようすが，パンの中に具をはさんだサンドイッチににているからなんだって！

3 次の計算をしましょう。

❶ 436÷5　❷ 261÷9　❸ 700÷8

❹ 328÷4　❺ 495÷7　❻ 540÷6

4 500gの肉を，4人で同じ重さに分けるとき，1人分は何gになりますか。

式

答え（　　　）

例題2 暗算

72÷3を暗算でしましょう。

とき方 72を，60と12など，3でわる計算がかんたんにできる2つの数に分けて計算します。また，頭の中で筆算する方法もあります。

①《2つの数に分ける方法》

(1) 72を60と12に分けます。

(2) それぞれを3でわって，2つの商をあわせます。

72＜60, 12

60÷3＝□

12÷3＝□

あわせて □

(3) したがって，72÷3＝□

②《頭の中で筆算する方法》

(1) 7÷3＝2あまり1 だから，十の位は□です。

(2) (1)のあまり1は10を表すから，72の一の位の2とあわせて12
12÷3＝4
だから，一の位は□です。

(3) したがって，72÷3＝□

5 次の計算を暗算でしましょう。

❶ 64÷2　❷ 92÷4　❸ 80÷5

❹ 420÷2　❺ 570÷3　❻ 680÷4

答え▶8ページ

6 (3けたの数)÷(1けたの数)のわり算，暗算

(4けた)÷(1けた)にもちょうせんしよう。同じように計算できるはずだよ。

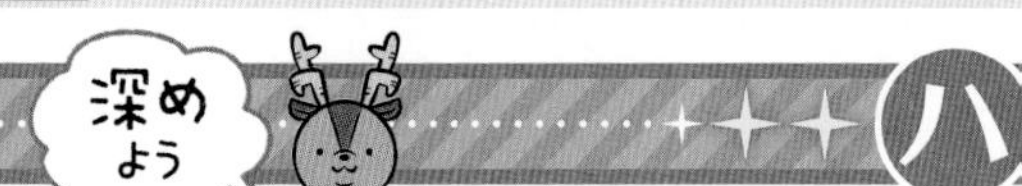

ハイレベル

1 次の計算をしましょう。

❶ 946÷2　　❷ 483÷5　　❸ 707÷4

❹ 185÷6　　❺ 605÷3　　❻ 714÷7

❼ 5292÷3　　❽ 3678÷8　　❾ 6341÷9

2 3m50cmのテープがあります。このテープから9cmずつ切り取るとき，9cmのテープは何本とれて，何cmあまりますか。

式

答え（　　　　　　　　　　）

3 ある数を5でわるのを，まちがえて4でわったので，商が197，あまりが2になりました。正しい答えを求(もと)めましょう。

式

答え（　　　　　　）

4 今年はうるう年でないとして，次の問いに答えましょう。

❶ 今年の1年は何週間と何日ありますか。

式

答え（　　　　　　　　）

❷ 今年の1月1日は火曜日でした。来年の1月1日は何曜日ですか。

（　　　　　　）

できたらスゴイ！

5 次の□にあてはまる数字を書きましょう。

❶

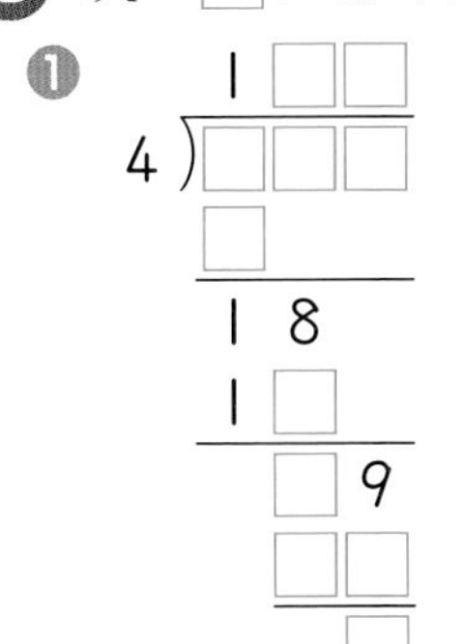

❷ 8)□□□ の筆算（商 □□，□0，7□，□□，0）

6 右のわり算について，次の問いに答えましょう。

7)□12

❶ 商がいちばん大きい2けたの数になるのは，□がどんな数字のときですか。また，そのときの商とあまりはいくつですか。

（　　　　）

❷ わりきれて，商が3けたの数になるのは，□がどんな数字のときですか。また，そのときの商はいくつですか。

（　　　　）

7 内側（うちがわ）のはばが170cmの本だなが，8つの仕切り板によって同じ間かくに仕切られています。仕切り板1つのあつさが1cmのとき，この本だなの仕切りと仕切りの間は何cmですか。

式

答え（　　　　）

8 公園で拾ったどんぐりを数えたら458こありました。これを6本のびんに，同じ数ずつ分けて入れようと思います。あと何こどんぐりを拾うと，あまりなく分けられますか。いちばん少ない数で答えましょう。また，そのとき，びん1本に何このどんぐりが入ることになりますか。

式

答え（　　　　）

ヒント

7 8つの仕切り板によって，本だなは何この区画に分けられるかな。

8 いまあるどんぐりを，6本のびんに同じ数ずつ分けて入れると，何こあまるかな。

思考力育成問題

答え▶9ページ

わかっていることを表に整理してから，順番に考える問題だよ。

だれがどうなのか考えよう！

☆ あきさん，いくさん，うみさん，えなさん，おとさんの5人は，図書室で本を借りました。次の**ア**～**オ**は，5人の借りた本の種類を表したものです。

ア：物語，科学，社会
イ：科学，伝記，写真集
ウ：物語，写真集
エ：物語，伝記
オ：社会，図かん

また，5人の借りた本については，次のことがわかっています。

㋐ あきさんは，物語の本を借りた。
㋑ いくさんは，伝記の本を借りた。
㋒ うみさんは，図かんを借りた。
㋓ えなさんは，科学の本を借りた。
㋔ おとさんは，社会の本を借りた。

これらのことを使って，5人の借りた本がそれぞれ**ア**～**オ**のどれにあたるかを求めます。

❶ まず，5人の借りた本についてわかっていることをもとに，右のような表に整理します。
㋐から，あきさんが借りたのは**ア**か**ウ**か**エ**とわかるので，**ア**，**ウ**，**エ**に○をかき入れます。
同じように，㋑～㋔からわかることをもとに，表に○をかき入れましょう。

	ア	イ	ウ	エ	オ
あき	○		○	○	
いく					
うみ					
えな					
おと					

次に，❶で整理した表からわかることを，順に読み取っていきます。

❷ ❶の表で，かき入れた○が1こだけなのは5人のうちのだれですか。

（　　　　）

❸ うみさんが借りた本は**ア**～**オ**のどれですか。

（　　　　）

❹ うみさんの本が決まることによって，おとさんの本が決まります。おとさんが借りた本は**ア**～**オ**のどれですか。

（　　　　）

❺ おとさんの本が決まることによって，えなさんの本が決まります。えなさんが借りた本は**ア**～**オ**のどれですか。

（　　　　）

❻ えなさんの本が決まることによって，いくさんの本が決まります。いくさんが借りた本は**ア**～**オ**のどれですか。

（　　　　）

❼ あきさんが借りた本は**ア**～**オ**のどれですか。

（　　　　）

!ヒント

❹ うみさんの本が決まると，おとさんの本のこうほが1つへるね。表のその部分の○に×をつけて考えよう。

答え▶10ページ

7 小数の表し方としくみ

小数のしくみも，整数と同じように考えることができるよ。

たしかめよう 標準レベル

例題1 小数の表し方

ゆたかさんの家から，駅までの道のりは1km325mです。これをkm単位で表しましょう。

とき方 小数を使い，1つの単位kmだけで長さを表します。
1km＝1000mだから，
100m，10m，1mは，それぞれkm単位では右のように表されます。

100m…1kmの$\frac{1}{10}$……………0.1km
10m…0.1kmの$\frac{1}{10}$………［　　］km
1m…0.01kmの$\frac{1}{10}$……［　　］km

したがって，1km325mは，

1km ……………………………	1	km
300m…0.1kmの3こ分………	［　　］	km
20m…0.01kmの2こ分……	［　　］	km
5m…0.001kmの5こ分…	［　　］	km
あわせて	［　　］	km

たいせつ
0.1の$\frac{1}{10}$を0.01，
0.01の$\frac{1}{10}$を0.001
と表します。

1 れなさんのランドセルの重さをはかったら，1kg245gでした。これをkg単位で表しましょう。

（　　　　）

2 次の量を〔　〕の中の単位で表しましょう。

❶ 3m68cm〔m〕（　　　　）
❷ 1L250mL〔L〕（　　　　）
❸ 10kg95g〔kg〕（　　　　）
❹ 2734m〔km〕（　　　　）
❺ 3416g〔kg〕（　　　　）
❻ 609mm〔m〕（　　　　）
❼ 175mL〔L〕（　　　　）
❽ 20m〔km〕（　　　　）
❾ 900kg〔t〕（　　　　）

10月8日は，「木の日」だよ。10(十)と8(八)の漢字を組み合わせると，「十＋八＝木」になるから，木の日なんだって！

例題２ 小数のしくみ

次の問いに答えましょう。

① 0.98を100でわった数はいくつですか。

② 次の数を，右の数直線に↑で表し，小さい順に記号で書きましょう。

1.2　　1.25

ア　1.24　　イ　1.227　　ウ　1.209

とき方　小数も，整数と同じように位をつくって表します。

一の位	$\frac{1}{10}$の位	$\frac{1}{100}$の位	$\frac{1}{1000}$の位	$\frac{1}{10000}$の位
0.	9	8		
0.	0	9	8	
0.	0	0	9	8

÷10　÷10　÷100

① 小数も，10でわると位が□けたずつ下がり，100でわると□けたずつ下がります。したがって，0.98を100でわった数は，□です。

② 1.2と1.25の間を5等分する1めもりは□を表していて，いちばん小さい1めもりはそれを10等分しているので□を表しています。

1.2　　1.25

ア，イ，ウの数を表すめもりは上の図のようになります。小さい順に記号で書くと，□，□，□です。

3 次の数はいくつですか。

❶ 0.24を10倍した数　（　　）

❷ 1.08を100倍した数　（　　）

❸ 0.17を10でわった数　（　　）

❹ 6.05を100でわった数　（　　）

4 次の数を，下の数直線に↑で表し，小さい順に記号で書きましょう。

ア　0.03　　イ　0.11　　ウ　0.072　　エ　0.008

0　　0.05　　0.1

（　　）

答え▶10ページ

7 小数の表し方としくみ

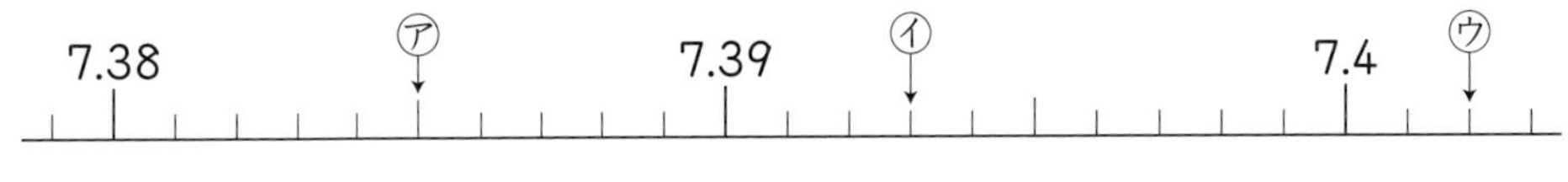

$\frac{1}{10}$の位(くらい)，$\frac{1}{100}$の位は，小数第一位(しょうすうだいいちい)，小数第二位(しょうすうだいにい)ともいうよ。

1 次の数直線で，㋐～㋒のめもりが表す数はいくつですか。

7.38　㋐　7.39　㋑　7.4　㋒

㋐（　　　　）㋑（　　　　）㋒（　　　　）

2 次の量(りょう)を〔　〕の中の単位(たんい)で表しましょう。

❶ 8m〔km〕（　　　　）
❷ 60g〔kg〕（　　　　）
❸ 4.95m〔cm〕（　　　　）
❹ 2.05L〔mL〕（　　　　）
❺ 0.394kg〔g〕（　　　　）
❻ 0.07km〔m〕（　　　　）

3 6.139という数について，□にあてはまる数を書きましょう。

❶ $\frac{1}{100}$の位の数字は□，$\frac{1}{1000}$の位の数字は□です。

❷ 1を6こ，□を1こ，□を3こ，□を9こあわせた数です。

❸ 0.001を□こ集めた数です。

4 次の数はいくつですか。

❶ 0.901を10倍した数（　　　　）
❷ 3.285を100倍した数（　　　　）
❸ 4を$\frac{1}{100}$にした数（　　　　）
❹ 0.07を$\frac{1}{100}$にした数（　　　　）

5 次の数は，0.01を何こ集めた数ですか。

❶ 0.5（　　　　）
❷ 1.8（　　　　）
❸ 26（　　　　）

6 次の数はいくつですか。

❶ 0.01 を308こ集めた数　　❷ 0.001 を92000こ集めた数

（　　　）　（　　　）

7 次の□にあてはまる不等号を書きましょう。

❶ 3.207 □ 3.215　　❷ 2.43 □ 2.432

❸ 5.86 □ 5.849　　❹ 40.08 □ 40.104

できたらスゴイ！

8 次の問いに答えましょう。

❶ 7.5は0.75の何倍ですか。　　❷ 30は0.003の何倍ですか。

（　　　）　（　　　）

9 次の数を，小さい順（じゅん）に記号で書きましょう。

ア　4.13　　イ　4.013　　ウ　4.31　　エ　4.009　　オ　4.127

（　　　）

10 右の□にあてはまる数字をすべて書きましょう。

8.□01 > 8.63

（　　　）

11 0から3までの数字と小数点が書かれた5まいのカード 0，1，2，3，. があります。これを1列にならべて小数をつくります。次の数を書きましょう。ただし，0と.のカードは，どちらもいちばん右にはならべないものとします。

❶ いちばん小さい数　　❷ 3ばんめに小さい数

（　　　）　（　　　）

❸ いちばん大きい数　　❹ 10にいちばん近い数

（　　　）　（　　　）

！ヒント

11 ❹ 10にいちばん近い数は，10より小さい場合と10より大きい場合があるね。この場合はどちらかな。

答え▶11ページ

8 小数のたし算とひき算

小数のたし算とひき算を筆算で計算しよう。位(くらい)をそろえるのがポイントだよ。

標準レベル

例題1 小数のたし算

次の計算を筆算でしましょう。

① 2.39＋4.51　　② 7.2＋6.83

とき方　小数のたし算の筆算は，位をそろえて書いて，整数のたし算と同じように計算します。そのあと，上の小数点にそろえて，和の小数点をうちます。

①
```
   2.3 9
 + 4.5 1
 ───────
   □.□ 0̸
```
…小数点より下の位では，右はしの0は消す。

↑和の小数点をうつ。

②
```
   7.2 0
 + 6.8 3
 ───────
 □□.□□
```
0…0があると考える。

1 次の計算を筆算でしましょう。

❶ 1.42＋5.13　　❷ 0.83＋0.19

❸ 26.75＋3.82　　❹ 1.654＋5.577

❺ 4.34＋0.26　　❻ 0.987＋1.543

❼ 2.849＋1.051　　❽ 3.48＋6.2

❾ 7.6＋0.435　　❿ 52＋8.94

2 ポットに水が1.25L入っています。そこに0.45Lの水をたしました。水はあわせて何Lになりますか。

式

答え（　　　　）

11月11日は,「サッカーの日」だよ。サッカーは11人どうしでしあいをするから,「11・11」で,サッカーなんだ!

例題2 小数のひき算

次の計算を筆算でしましょう。

① 4.67－3.91　　　② 8.5－2.43

とき方 小数のひき算の筆算も,位をそろえて書いて,整数のひき算と同じように計算します。そのあと,上の小数点にそろえて,差(さ)の小数点をうちます。

①
```
   4.6 7
 － 3.9 1
 ─────────
   0.□□
```
↑
一の位の0をわすれないこと。

②
```
   8.5 0  …0があると考える。
 － 2.4 3
 ─────────
   □.□□
```

3 次の計算を筆算でしましょう。

❶ 3.28－2.59　　　❷ 5.04－0.74

❸ 60.11－6.22　　　❹ 2.384－1.812

❺ 9.85－3.7　　　❻ 4.023－0.96

❼ 10.4－9.59　　　❽ 7.52－7.481

❾ 6－1.83　　　❿ 2－0.054

4 ペットボトルに水が1.37L入っています。そのうち,0.48Lを飲みました。残(のこ)りの水は何Lになりますか。

式

答え (　　　　　)

答え▶11ページ

8 小数のたし算とひき算

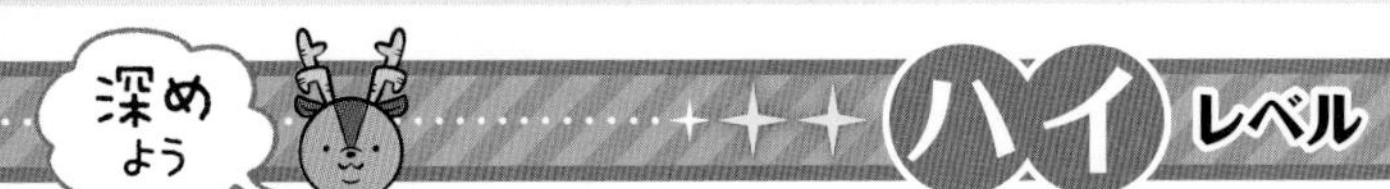

整数も小数も，しくみは同じ。けたが大きくなっても小さくなっても同じだよ。

1 次の計算をしましょう。

❶ 0.435＋0.685　　❷ 31.28＋8.72

❸ 24.64＋0.367　　❹ 6.1＋9.903

❺ 7.412－6.789　　❻ 47.56－8.026

❼ 50－0.97　　❽ 1－0.308

❾ 1.003－0.14＋9.519　　❿ 18－0.006－9.494

2 右の筆算について，次の□にあてはまる数を書きましょう。

0.1 3 2
＋ 0.8 4 6
0.9 7 8

和の0.978の，9は，□が1＋8で9こ，
7は，□が3＋4で7こ，
8は，□が2＋6で8こ
あることを表しています。

3 りょうたさんは土曜日と日曜日にジョギングをしました。土曜日は1.5km走り，日曜日は2.25km走りました。

❶ 土曜日と日曜日で，あわせて何km走りましたか。

式

答え（　　　　）

❷ 土曜日と日曜日の，走った道のりの差（さ）は何kmですか。

式

答え（　　　　）

✦✦✦ できたらスゴイ！

4 次の□にあてはまる数字を書きましょう。

❶
```
   4.6□8
+ □.49□
--------
   5.□07
```

❷
```
   8.
- 5.□1□
--------
  □.9□4
```

5 3mのリボンから，はじめに姉が，続いて弟が切り取りました。姉が切り取ったリボンの長さは1.15mで，弟が切り取った長さより0.27m長いそうです。

❶ 弟が切り取ったリボンの長さは何mですか。

式

答え（　　　　）

❷ 残ったリボンの長さは何mですか。

式

答え（　　　　）

6 重さが1.73kgの米びつに，米を4.5kg入れました。ここから何回か米を取り出して食べたあとで，米びつごと重さをはかったら3.33kgでした。食べた米の重さは何kgですか。

式

答え（　　　　）

7 ある数に1.008をたすところをまちがえて1.08をひいてしまったので，2.16になりました。正しい答えはいくつですか。

式

答え（　　　　）

8 右の図で，9このマスすべてに数を入れて，たて，横，ななめにならんだ3つの数の和が，すべて等しくなるようにします。㋐，㋑にあてはまる数はいくつですか。

1.29	㋐	0.53
	1	㋑
1.47		

㋐（　　　　）　㋑（　　　　）

ヒント

❽ たて，横，ななめに3つの数がそろっているマスに注目しよう。

答え ▶ 12ページ

9 商が1けたの数になるわり算

標準レベル

この章は4章の続きだよ。ここでは2けたの数でわるわり算を勉強するよ。

例題1 何十でわるわり算

70÷20を計算しましょう。

とき方 70から，20が何ことれるかを考えます。

右の図のように，10の何こ分で考えると，70は10を□こ，20は10を□こ集めた数だから，70÷20の商は7÷□の商と等しくなります。また，あまりは，10が1こです。

だから，

70÷20＝□ あまり □

⑩⑩ ⑩⑩ ⑩⑩ ⑩

70から，
20は3ことれて，
10が1こあまる。

1 次の計算をしましょう。

❶ 60÷30　❷ 280÷40　❸ 300÷60

❹ 80÷50　❺ 640÷90　❻ 400÷70

例題2 2けたの数でわる筆算

92÷21を筆算でしましょう。けん算もしましょう。

とき方 わられる数とわる数を何十の数とみて，商の見当をつけます。

21)92 ➡ 21)92 ➡ 21)92

十の位の計算
9÷21で，
十の位に商はたたない。

一の位の計算
90÷20とみて，
9÷2で商4をたてる。

21×4＝84
92−84＝8

92÷21＝□ あまり □

けん算 21×□＋□＝□

わる数×商＋あまり＝わられる数

学習した日　　　月　　　日

1÷7の計算をしたとき，商は，0.142857142857…と「142857」が何回も続く形になるね。何度も同じ数字が続くとき，その小数を，「循環小数（じゅんかんしょうすう）」というよ。「循環」は「くりかえし」の意味だよ。

2 次の計算を筆算でしましょう。けん算もしましょう。

❶ 93÷31　　　　❷ 85÷42

けん算（　　　　　　　　）　　けん算（　　　　　　　　）

例題3 かりの商のなおし方

次の計算を筆算でしましょう。

① 64÷23　　　　② 194÷38

とき方 かりの商(見当をつけた商)が大きすぎたときは，商を小さくしていきます。また，かりの商が小さすぎたときは，商を大きくしていきます。

①

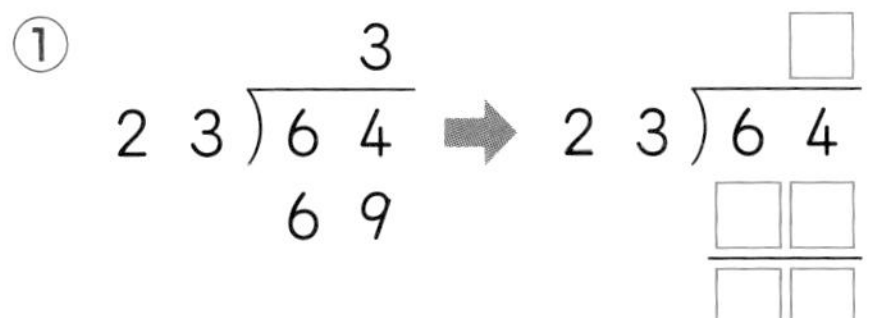

60÷20とみて，商3をたてる。23×3=69は，64より大きいのでひけない。

商を1小さくして計算する。

②

$$\begin{array}{r} 4 \\ 38\overline{)194} \\ 152 \\ \hline 42 \end{array} \Rightarrow \begin{array}{r} \square \\ 38\overline{)194} \\ \square\square\square \\ \hline \square \end{array}$$

190÷40とみて，商4をたてる。あまりの42は，38より大きいので，まだひける。

商を1大きくして計算する。

3 次の計算を筆算でしましょう。

❶ 42÷14　　❷ 83÷27　　❸ 71÷13

❹ 91÷15　　❺ 192÷24　　❻ 485÷81

❼ 189÷46　　❽ 450÷75　　❾ 270÷34

答え▶12ページ

9 商が1けたの数になるわり算

計算をしっかり練習してから，文章題にもチャレンジしよう。

1 次の計算をしましょう。

❶ 90÷40　❷ 400÷50　❸ 700÷80

2 次の計算をしましょう。

❶ 72÷24　❷ 53÷37　❸ 94÷32

❹ 88÷17　❺ 75÷15　❻ 67÷14

❼ 477÷53　❽ 345÷39　❾ 504÷56

❿ 195÷25　⓫ 310÷63　⓬ 160÷23

3 色紙が210まいあります。30人に同じ数ずつ配ると，1人分は何まいになりますか。

式

答え（　　　　　）

4 550分は何時間何分ですか。

式

答え（　　　　　）

5 あさがおの種が84こあります。14のプランターに同じ数ずつ種をまくとき，プランター1つにまく種は何こになりますか。

式

答え（　　　　）

6 500円で，84円切手をできるだけたくさん買うことにします。何まい買えて，いくら残りますか。

式

答え（　　　　）

7 ある数を26でわるのを，まちがえて62でわったので，商が3，あまりが48になりました。正しい答えを求めましょう。

式

答え（　　　　）

できたらスゴイ！

8 次の□にあてはまる数字を書きましょう。

①
```
        7
□□)3□3
    3□□
    ----
        0
```

②
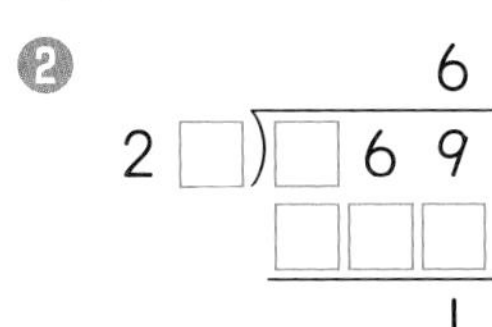

9 76gの箱に，1こ58gのボールが何こか入っています。全体の重さが540gのとき，この箱に入っているボールは何こですか。

式

答え（　　　　）

10 あきさんは図書館で本をかりました。この本を1日に20ページずつ読むと，読み終わるのに9日かかります。ただし，9日目に読むページ数は16ページです。この本を1日に24ページずつ読むと，読み終わるのに何日かかりますか。

式

答え（　　　　）

ヒント

10 まず，本のページ数を求めよう。

答え▶13ページ

10 商が2けた，3けたの数になるわり算

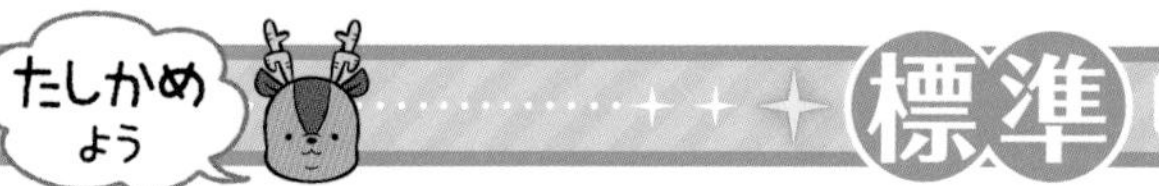

わり算では，商がどの位からたつのかを考えて計算しよう。

例題1 (3けたの数)÷(2けたの数)のわり算

746÷31 を筆算でしましょう。

とき方 (3けた)÷(2けた)で，わられる数の上から2けたがわる数より大きいときは，商は十の位からたちます。

31)746 → 31)746 → 31)746（2□，62，126）

百の位の計算
7÷31で，百の位に商はたたない。

十の位の計算
74÷31=2あまり12

一の位の計算
6をおろす。
126÷31=4あまり2

1 次の計算を筆算でしましょう。

❶ 651÷21　❷ 743÷32　❸ 864÷54

❹ 827÷19　❺ 769÷42　❻ 739÷18

❼ 942÷63　❽ 681÷27　❾ 918÷33

❿ 495÷24　⓫ 520÷17　⓬ 910÷13

「×2」から「×6」までの142857のかけ算の答えは，「142857×2=285714」「142857×6=857142」のように，くりかえした「142857142857…」のとちゅうにあらわれる数字なんだ！

例題2 (4けたの数)÷(2けたの数)のわり算

次の計算を筆算でしましょう。

① 8346÷26　　　② 3970÷51

とき方 わられる数の上から2けたとわる数の大きさをくらべて，商がどの位からたつかを考えます。

①

```
      3                 3□□
26)8346   ➡   26)8346
   78                78
    5                 54
                      □□
                      □□
                      □□
                       □
```

83÷26で，商は百の位からたつ。

②

```
       7                7□
51)3970   ➡   51)3970
   357                357
    40                 400
                       □□□
                        □□
```

397÷51で，商は十の位からたつ。

2 次の計算を筆算でしましょう。

❶ 7238÷34　　❷ 5481÷21　　❸ 4379÷14

❹ 1581÷29　　❺ 3081÷43　　❻ 1820÷23

❼ 8127÷54　　❽ 5140÷48　　❾ 8060÷26

❿ 6429÷32　　⓫ 2825÷35　　⓬ 1623÷18

答え ▶ 14ページ

10 商が2けた，3けたの数になるわり算

ハイレベル

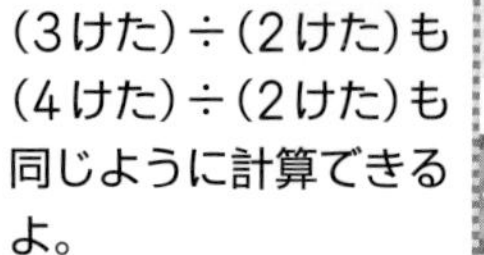

1 次の計算をしましょう。

❶ 671÷28　❷ 798÷15　❸ 432÷24

❹ 599÷13　❺ 813÷76　❻ 540÷18

❼ 7348÷31　❽ 6382÷59　❾ 9680÷16

❿ 5408÷45　⓫ 3210÷54　⓬ 1764÷25

2 画用紙が450まいあります。これを35まいずつ束(たば)にします。何束できて何まいあまりますか。

式

答え（　　　　　）

3 7700円のサッカーボールを買うのに，14人が同じ金がくずつ出しあうことにしました。1人いくら出せばよいでしょうか。

式

答え（　　　　　）

4 ある町の去年のこう水量は，5月が43mmで9月が559mmでした。9月のこう水量は，5月のこう水量の何倍ですか。

式

答え（　　　　　）

できたらスゴイ！

5 次の□にあてはまる数字を書きましょう。

❶

```
        □□
 3 2 )□□□
      9□
      ───
       3□
       □□
       ───
         5
```

❷

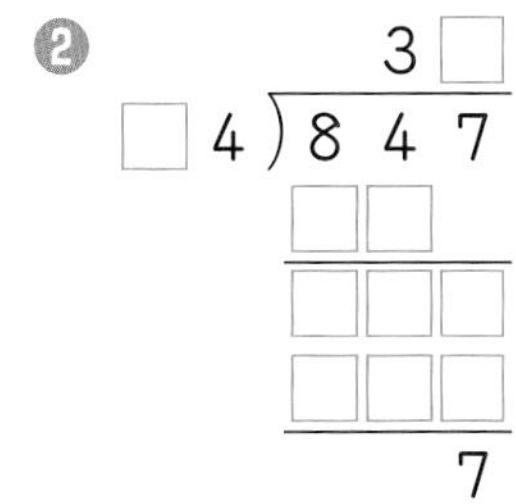

6 次の□にあてはまる数を書きましょう。

❶ □÷78＝12あまり45　　❷ □÷36＝154あまり11

❸ 702÷□＝26　　❹ 3160÷□＝68あまり32

7 みかんを18こずつふくろに入れると，21ふくろできて7こあまりました。このみかんを24こずつ箱に入れ直すと，何箱できて何こあまりますか。

式

答え（　　　　　　）

8 ある自動車は，ガソリン15Lで195km走ります。

❶ この自動車は，ガソリン1Lあたり何km走りますか。

式

答え（　　　　　　）

❷ この自動車で624km走るには，何Lのガソリンが必要ですか。

式

答え（　　　　　　）

9 ゆうさんの家から学校までは91m，公園までは78mです。歩はばを65cmとすると，家から学校まで歩くときと，公園まで歩くときの歩数の差(さ)は何歩ですか。

式

答え（　　　　　　）

！ヒント

9 歩はばは1歩の長さだよ。長さの単位(たんい)をそろえて計算しよう。

答え▶15ページ

11 整数のわり算，わり算のせいしつとくふう

どんなにけた数が大きい整数でも，これまでと同じやり方で計算することができるよ。

標準レベル

例題 1 大きい数のわり算

次の計算を筆算でしましょう。

① 925÷417　　② 6801÷123

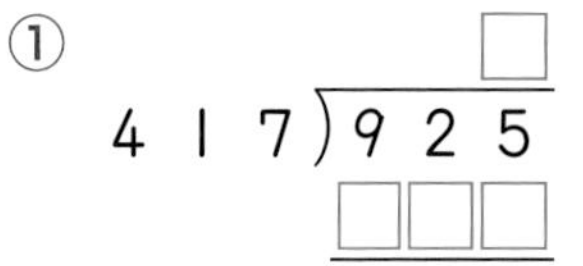

とき方　わられる数，わる数がどんなに大きくなっても，整数のわり算の筆算のしかたは同じです。商が何の位（くらい）からたつかを考えます。

①
```
          □
4 1 7)9 2 5
      □□□
      ----
        □□
```
商は一の位にたつ。

②
```
           5□
1 2 3)6 8 0 1
      6 1 5
      -------
        □□□
        □□□
        -----
          □□
```
商は十の位からたつ。

1 次の計算を筆算でしましょう。

❶ 876÷213　　❷ 594÷297　　❸ 941÷314

❹ 708÷135　　❺ 789÷263　　❻ 950÷157

❼ 4526÷317　　❽ 3431÷148　　❾ 2967÷162

❿ 1293÷415　　⓫ 5224÷653　　⓬ 4450÷745

「142857」は数字の9と仲良しだよ。7をかけると999999になるし，「14」「28」「57」に分けてたすと，「14+28+57=99」，「142」と「857」に分けてたすと，「142+857=999」になるね！

例題2 わり算のせいしつとくふう

次の計算をしましょう。

① 1400÷200　　② 300÷25

とき方 わり算のせいしつを使って，式をかんたんにして計算します。

① 1400と200のどちらにも0が2つあるので，それぞれ100でわります。

1400 ÷ 200
↓÷100 ↓÷100
□ ÷ 2 = □

② 25×4=100となることを利用して，300と25にそれぞれ4をかけます。

300 ÷ 25
↓×4 ↓×4
□ ÷ □ = □

たいせつ
わり算では，
・わられる数とわる数に同じ数をかけても，商は変わりません。
・わられる数とわる数を同じ数でわっても，商は変わりません。

2 次の計算を，わり算のせいしつを使って，くふうしてしましょう。

❶ 270÷30　　❷ 800÷200　　❸ 4800÷600

❹ 70÷14　　❺ 900÷25　　❻ 650÷50

3 3300÷700の商とあまりについて，次の問いに答えましょう。

❶ 右の筆算のあまり5は，何が5こあることを表していますか。

（　　　　）

```
        4
7 0̸ 0̸ ) 3 3 0̸ 0̸
         2 8
         ───
           5
```

❷ 次のけん算で，□にあてはまる数を書きましょう。

700×□＋□＝3300

答え ▶ 16ページ

11 整数のわり算，わり算のせいしつとくふう

ハイ レベル

終わりに0のある計算は，わる数とわられる数の0を同じ数ずつ消して計算しよう。

1 次の計算をしましょう。

❶ 614÷207　❷ 809÷261　❸ 753÷119

❹ 4378÷162　❺ 9130÷318　❻ 2754÷459

2 次の計算を，わり算のせいしつを使って，くふうしてしましょう。

❶ 2100÷700　❷ 40000÷8000　❸ 3100÷400

❹ 60000÷9000　❺ 7000÷25　❻ 4500÷250

3 あめが952こあります。238人に同じ数ずつ配ると，1人分は何こになりますか。

式

答え（　　　　）

4 交通けいIC（アイシー）カードに2000円チャージしてあります。バスの乗車料金（りょうきん）が105円のとき，このカードで何回乗車できて何円残（のこ）りますか。

式

答え（　　　　）

5 1日に3200mずつジョギングをして，合計57600m走りました。何日間走りましたか。

式

答え（　　　　）

できたらスゴイ！

6 次の計算を，わり算のせいしつを使って，くふうしてしましょう。

❶ 1600万÷200万　❷ 42億(おく)÷6000万　❸ 35億÷250万

7 次の□にあてはまる数字を書きましょう。

❶

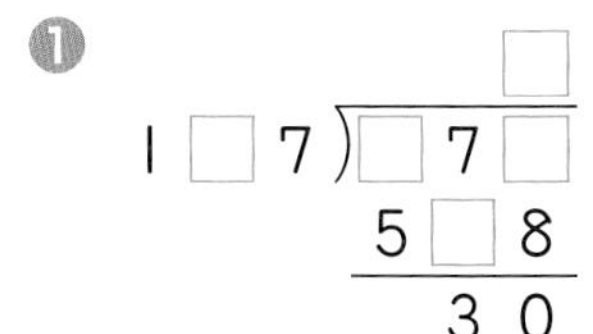

❷

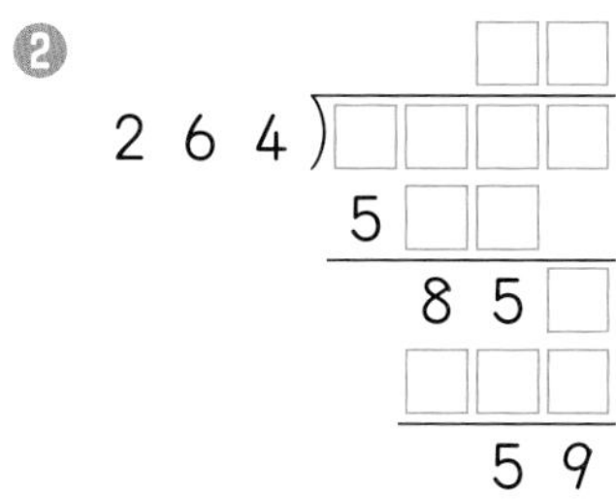

8 次の2つのわり算の商が等しくなるように，□にあてはまる数を求めましょう。

91000÷700　8450÷□

（　　　）

9 1500を何倍かして25でわると答えが1920になりました。何倍しましたか。

式

答え（　　　）

10 101でわったときの商とあまりが等しくなる整数のうち，いちばん小さい数といちばん大きい数の和はいくつになりますか。ただし，あまりが0の数はのぞきます。

式

答え（　　　）

11 ある日の1ドルは130円，1ユーロは142円でした。この日の65ユーロは何ドルですか。

式

答え（　　　）

ヒント

⑪ ドルはアメリカ，ユーロはEU(イーユー)(ヨーロッパ連合(れんごう))の通貨(つうか)の単位(たんい)だよ。まず，65ユーロが何円になるかを計算しよう。

答え▶16ページ

12 垂直と平行

四角形の勉強をする前に，直線の交わり方やならび方について考えてみよう。

たしかめよう 標準レベル

例題1 垂直と平行

右の図の㋐～㋖のような直線があります。

① ㋐の直線に垂直な直線はどれとどれですか。

② ㋐の直線に平行な直線はどれですか。

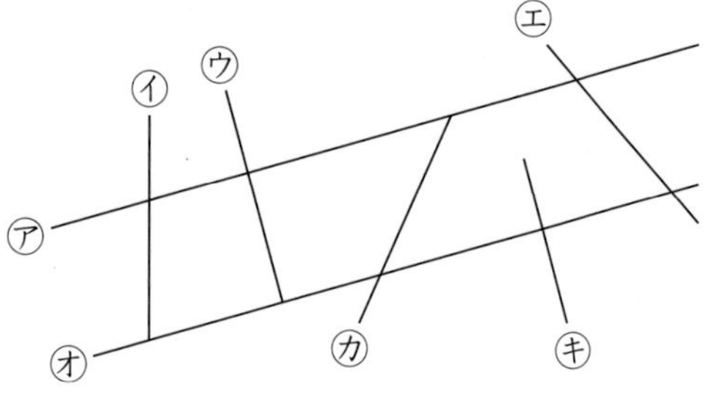

とき方 垂直と平行は，どちらも直線と直線の関係を表すことばです。

① 2本の直線が交わってできる角が直角のとき，この2本の直線は［　　］であるといいます。のばすと直角に交わる直線も，垂直です。

三角じょうぎを使って，㋐と垂直な直線をさがすと，［　　］と［　　］です。

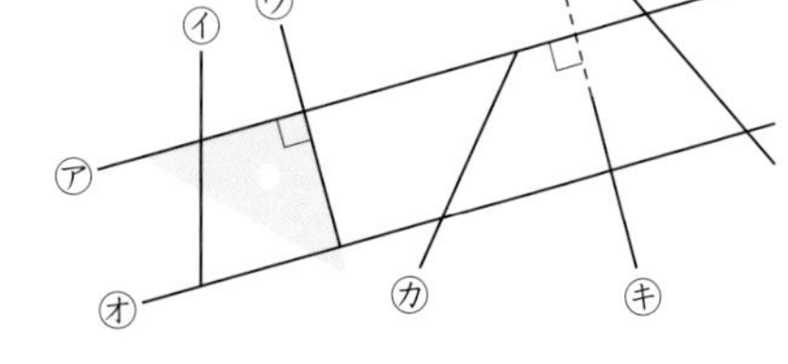

② 1本の直線に垂直な2本の直線は［　　］であるといいます。

㋐と㋒は垂直で，㋔と㋒も［　　］だから，㋐と㋔は［　　］です。つまり，㋐に平行な直線は［　　］です。

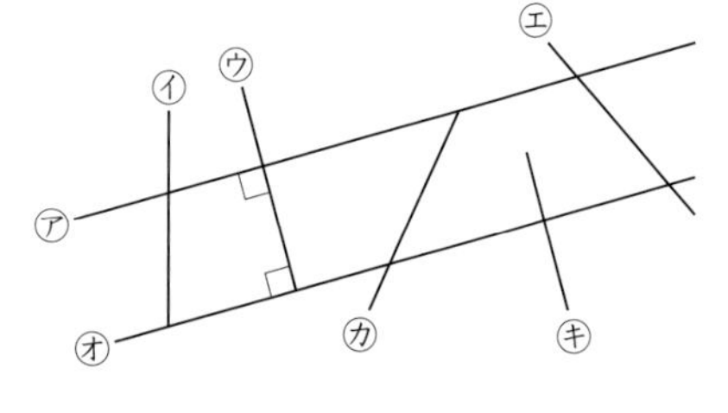

1 右の図の㋐～㋗のような直線があります。

❶ ㋐の直線に垂直な直線はどれですか。すべて答えましょう。

（　　　　）

❷ ㋐の直線に平行な直線はどれですか。すべて答えましょう。

（　　　　）

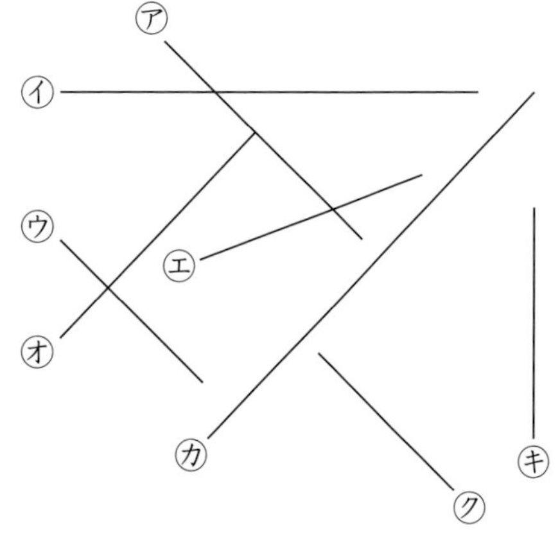

「春の七草（ななくさ）」ということばを聞いたことがあるかな？　1月7日は，1年間，病気をせずに健康（けんこう）で過（す）ごせるようにという願（ねが）いをこめて，7つの植物（しょくぶつ）をおかゆに入れて食べる「七草がゆの日」だよ。

2 次の直線をかきましょう。

❶ 点A（エー）を通り，直線㋐に垂直な直線　❷ 点Aを通り，直線㋐に平行な直線

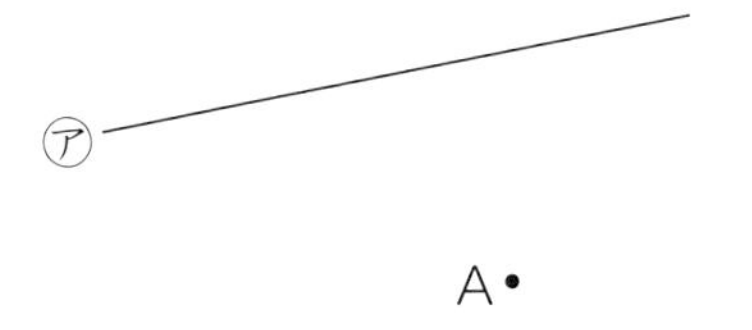

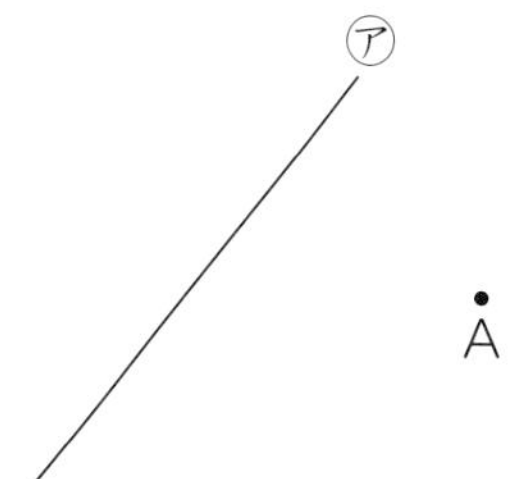

例題2 平行な直線の特（とく）ちょう

次の**図1**，**図2**で，それぞれ㋐と㋑の直線は平行です。

① **図1**で，あ，いの角度は何度ですか。

② **図2**で，うの長さは何cmですか。

図1

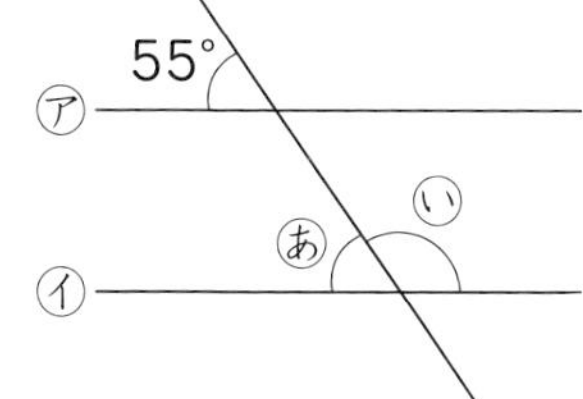

図2

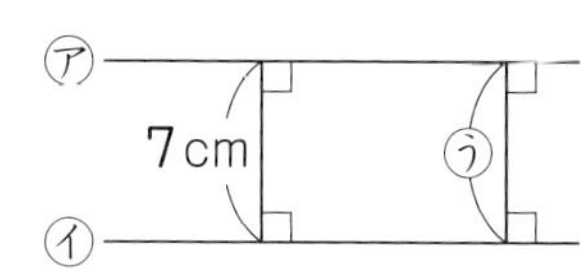

とき方 平行な直線の特ちょうを利用（りよう）します。

① 平行な直線は，ほかの直線と等しい角度で交わります。したがって，あの角度は□°　また，いの角度は，□°−□°＝□°

② 平行な直線のはばは，どこも等しくなっています。したがって，うの長さは□cmです。

たいせつ
平行な直線は，どこまでのばしても交わりません。

3 右の図で，㋐，㋑の直線は平行です。

❶ あの角度は何度ですか。

（　　　　　）

❷ いの長さは何cmですか。

（　　　　　）

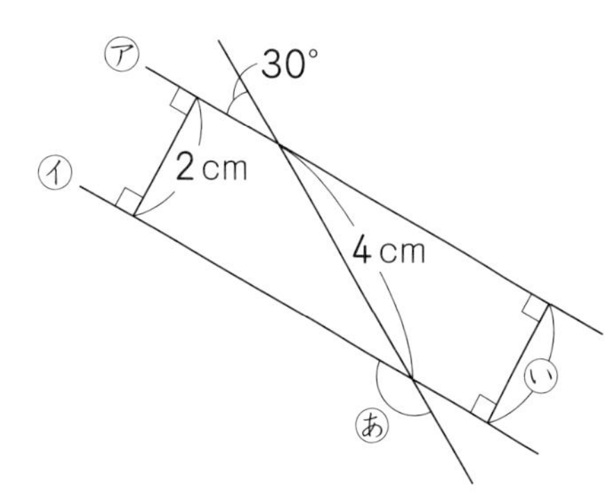

答え▶17ページ

12 垂直と平行

深めよう ハイレベル

方がんで垂直や平行を考える問題は，直線のかたむきぐあいに注意しよう。

1 右の図の㋐～㋖のような直線があります。

❶ 垂直な直線はどれとどれですか。すべての組を答えましょう。

(　　　　　　　　　　)

❷ 平行な直線はどれとどれですか。すべての組を答えましょう。

(　　　　　　　　　　)

2 下の図のように，点A(エー)を通る直線㋐と点B(ビー)があります。

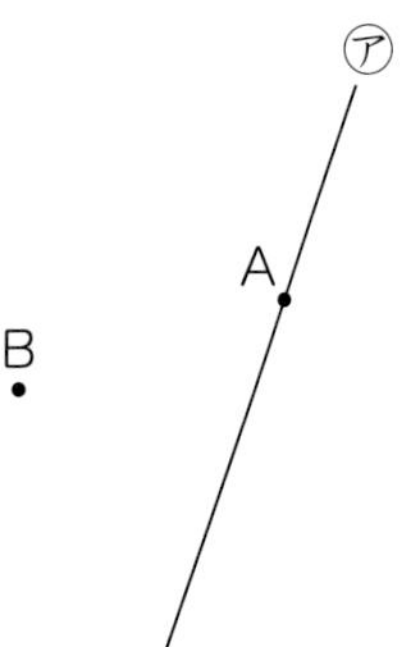

❶ 点Aを通り，直線㋐に垂直な直線をかきましょう。

❷ 点Bを通り，❶でかいた直線に平行な直線をかきましょう。

3 右の図の四角形ABCD(シーディー)は長方形です。

❶ 辺(へん)ADに垂直な辺はどれですか。すべて答えましょう。

(　　　　　　)

❷ 辺ADに平行な辺はどれですか。

(　　　　　　)

4 右の図で，㋐と㋑の直線，㋒と㋓の直線はそれぞれ平行です。㋠～㋫の角度は何度ですか。

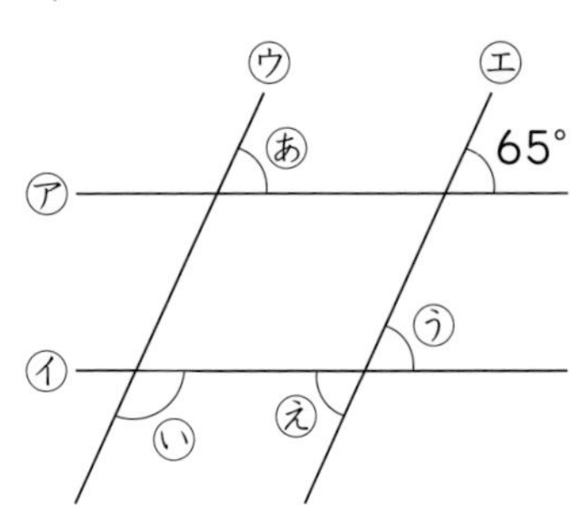

㋠(　　　　　)　㋡(　　　　　)

㋪(　　　　　)　㋫(　　　　　)

できたらスゴイ！

5 右の図のような方がんと直線があります。

❶ 垂直な直線はどれとどれですか。すべての組を答えましょう。

(　　　　　　　　)

❷ 平行な直線はどれとどれですか。すべての組を答えましょう。

(　　　　　　　　)

6 方がんを使って，次の図をかきましょう。

❶ 点Aを通り，直線㋐に垂直な直線

❷ 点Aを通り，直線㋐に平行な直線

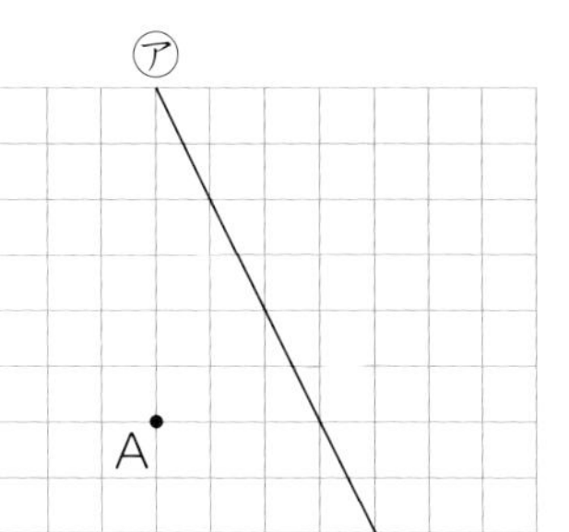

❸ 辺AB，BCがとなりあう2辺となる正方形

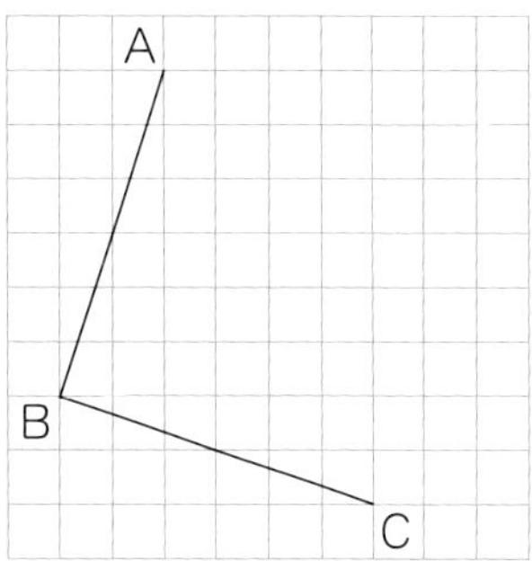

7 右の図で，平行な直線はどれとどれですか。

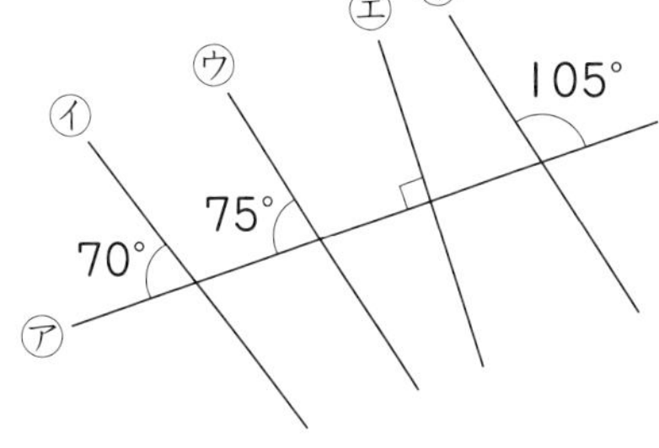

(　　　　　　　　)

8 右の図で，㋐と㋑の直線，㋒と㋓と㋔の直線はそれぞれ平行です。あ～えの角度は何度ですか。

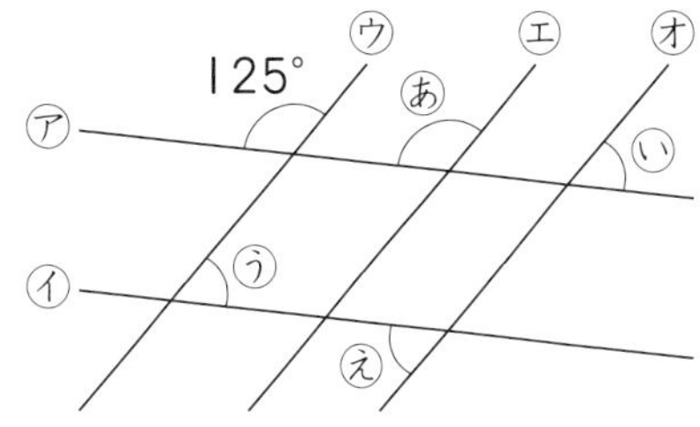

ヒント

❼ ❽ 平行な直線は，ほかの直線と等しい角度で交わるよ。

答え▶18ページ

13 いろいろな四角形

たしかめよう 標準レベル

これまでに習った長方形や正方形のほかにもいろいろな四角形があるよ。

例題1 台形と平行四辺形

右の図の㋐～㋔から，台形と平行四辺形を2つずつ選びましょう。

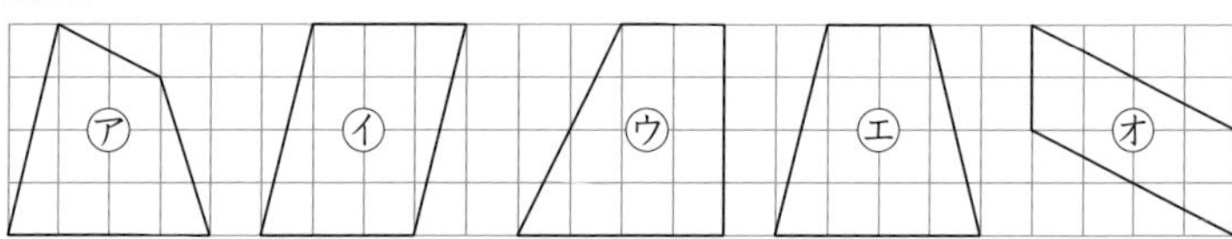

とき方 台形は，向かい合った［　］組の辺が平行な四角形だから，あてはまるのは［　］と［　］です。また，平行四辺形は，向かい合った［　］組の辺が平行な四角形だから，あてはまるのは［　］と［　］です。

1 右の図の㋐～㋔から，台形と平行四辺形を2つずつ選びましょう。

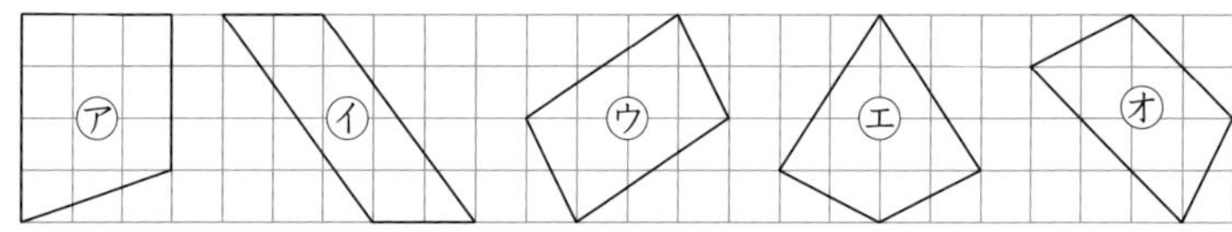

台形（　　　　）　平行四辺形（　　　　）

例題2 平行四辺形の特ちょう

右の図で，四角形ABCDは平行四辺形です。

① 辺AD，辺CDの長さは何cmですか。

② 角C，角Dの大きさは何度ですか。

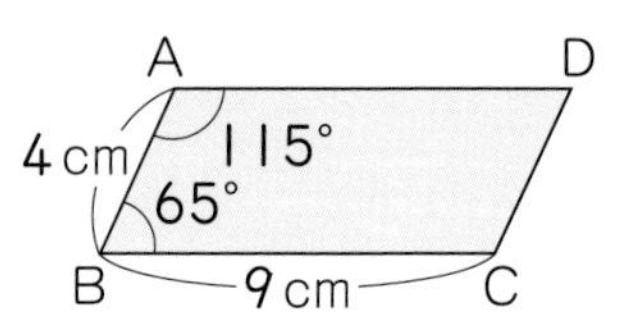

とき方 ① 平行四辺形の向かい合った辺の長さは等しいから，辺ADは辺［　］と等しく［　］cm，辺CDは辺［　］と等しく［　］cmです。

② 平行四辺形の向かい合った角の大きさは等しいから，角Cは角［　］と等しく［　］度，角Dは角［　］と等しく［　］度です。

2 右の図で，四角形ABCDは平行四辺形です。

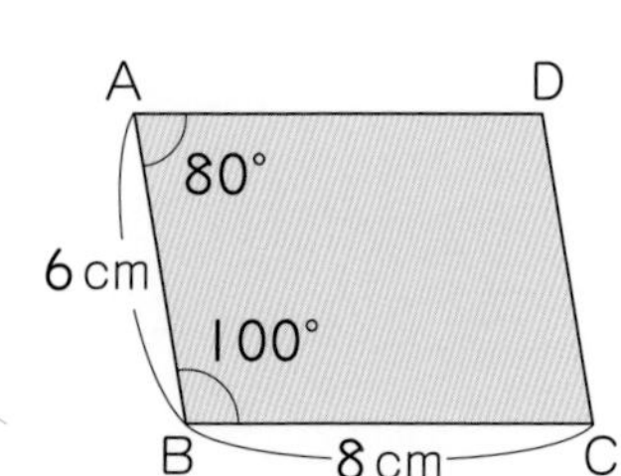

❶ 辺AD，辺CDの長さは何cmですか。

辺AD（　　　　）　辺CD（　　　　）

❷ 角C，角Dの大きさは何度ですか。

角C（　　　　）　角D（　　　　）

春の七草は,「せり・なずな・ごぎょう・はこべら・ほとけのざ・すずな・すずしろ」の7つだよ。むかしは1年のはじまりを「立春(りっしゅん)(春のはじまり)」としていたから,冬ではなく「春の」七草なんだ。

例題3 ひし形の特ちょう

右の図で,四角形ABCDはひし形です。

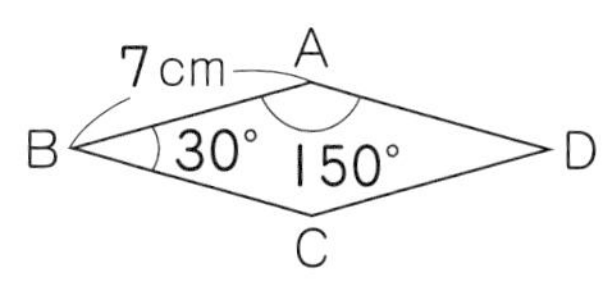

① 辺AD,辺CDの長さは何cmですか。

② 角C,角Dの大きさは何度ですか。

とき方 ① ひし形は,辺の長さがすべて[　　]四角形だから,辺ADの長さは[　　]cm,辺CDの長さも[　　]cmです。

② ひし形は平行四辺形と同じ特ちょうをもっているので,向かい合った辺は平行で,向かい合った角の大きさも等しくなります。したがって,角Cは角[　　]と等しく[　　]度,角Dは角[　　]と等しく[　　]度です。

3 右の図で,四角形ABCDはひし形です。

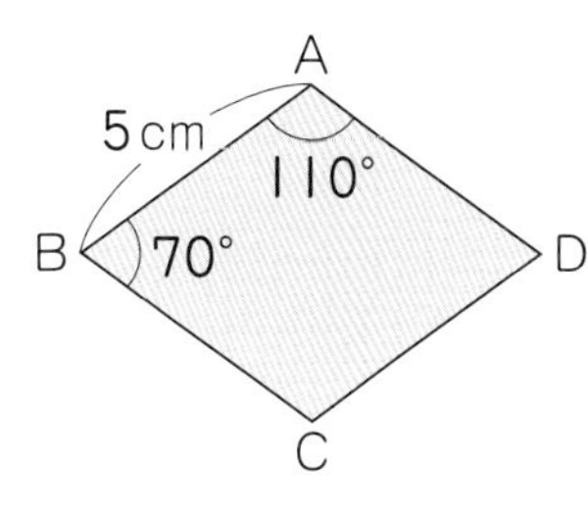

❶ 辺AD,辺CDの長さは何cmですか。

辺AD(　　　　)　辺CD(　　　　)

❷ 角C,角Dの大きさは何度ですか。

角C(　　　　)　角D(　　　　)

例題4 四角形の対角線

右の図は,ある四角形の対角線です。この四角形は,何という四角形ですか。

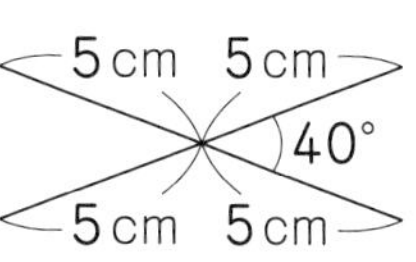

とき方 次のうち,正しいものに○,正しくないものに×をつけて考えます。

・2本の対角線の長さが等しいか。…[　　]

・2本の対角線がそれぞれの真ん中の点で交わっているか。…[　　]

・2本の対角線が垂直であるか。…[　　]

したがって,この四角形は[　　]です。

4 右の図は,ある四角形の対角線です。この四角形は,何という四角形ですか。

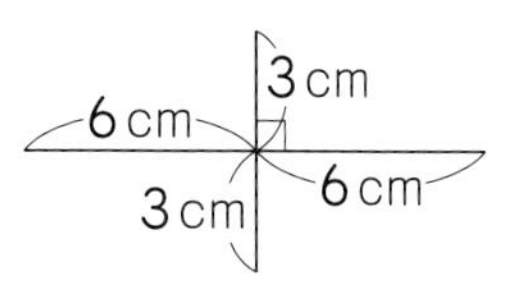

(　　　　)

13 いろいろな四角形

答え▶18ページ

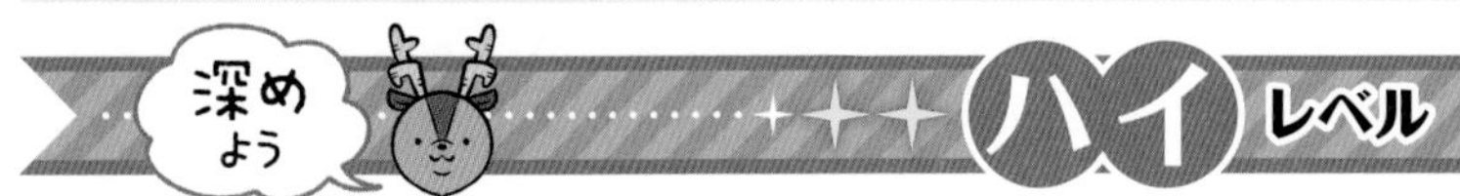

四角形ごとに辺や角，対角線の特ちょうを，しっかり頭に入れておこう。

1 次の図の㋐～㋔の四角形は，何という四角形ですか。

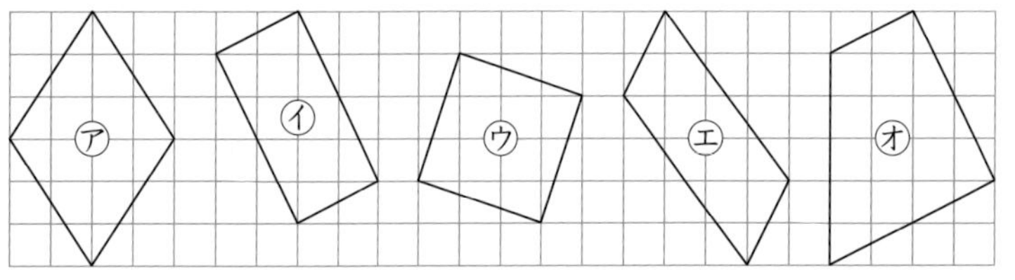

㋐（　　　　）
㋑（　　　　）
㋒（　　　　）
㋓（　　　　）
㋔（　　　　）

2 次のような四角形をかきましょう。

❶ となり合う辺の長さが3cm，4cmで，向かい合う1組の角の大きさが110°の平行四辺形

❷ 1つの辺の長さが3cmで，向かい合う1組の角の大きさが65°のひし形

3 右の図で，四角形ABCDは平行四辺形です。

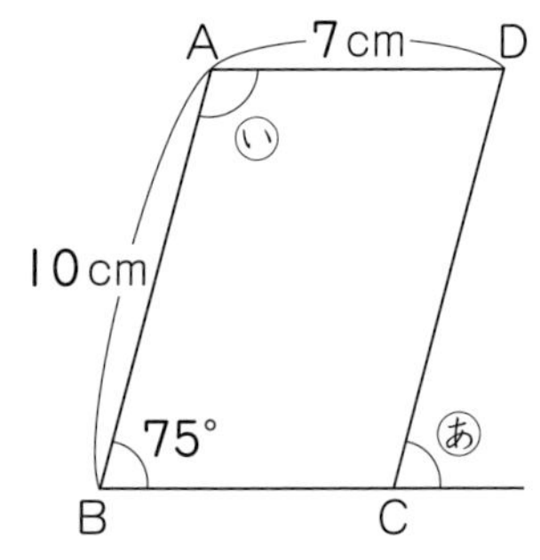

❶ この平行四辺形のまわりの長さは何cmですか。

（　　　　）

❷ ㋐，㋑の角の大きさは何度ですか。

㋐（　　　　）　㋑（　　　　）

4 次の図は，四角形の2本の対角線が垂直に交わっているようすを表したものです。それぞれの四角形は，何という四角形ですか。

❶

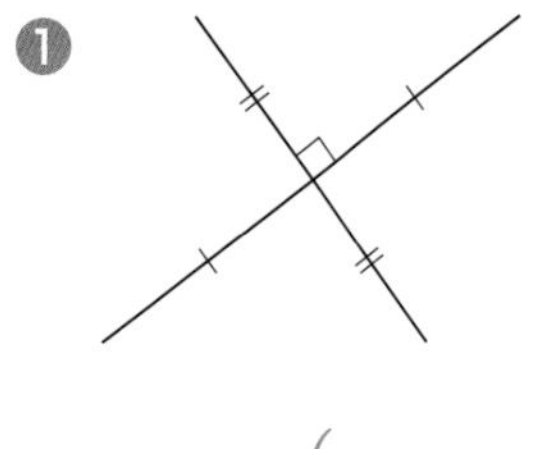

❷

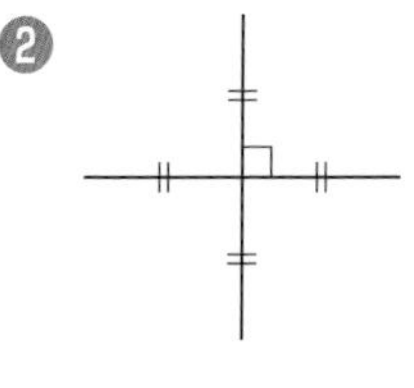

❸

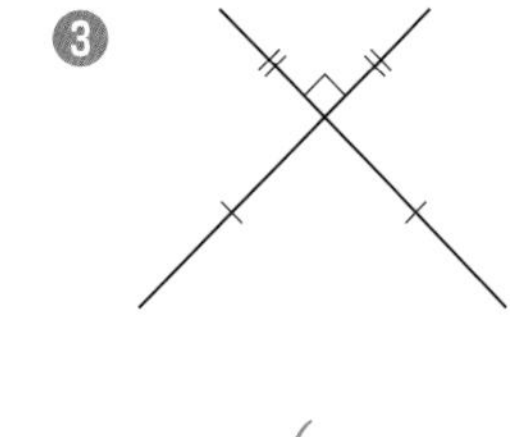

（　　　　）　（　　　　）　（　　　　）

できたらスゴイ！

5 あとの❶～❺の特ちょうがいつでもあてはまる四角形を，それぞれ次の**ア**～**オ**からすべて選び，記号で答えましょう。

ア　平行四辺形　**イ**　長方形　**ウ**　正方形　**エ**　台形　**オ**　ひし形

❶ 4つの辺の長さがすべて等しい。　(　　　)

❷ 4つの角の大きさがすべて90°である。　(　　　)

❸ 向かい合った2組の辺が平行である。　(　　　)

❹ 2本の対角線が垂直である。　(　　　)

❺ 2本の対角線の長さが等しい。　(　　　)

6 下の図のように，半分に折った正方形の紙をさらに半分に折ってから太線で切り取って，できた三角形を広げます。

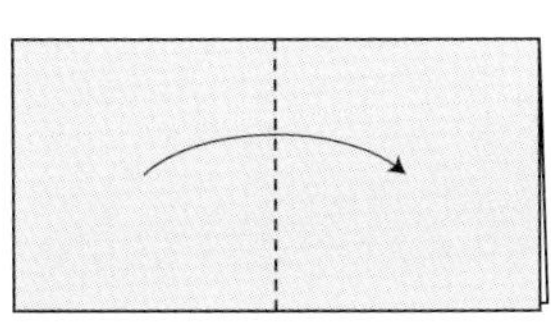

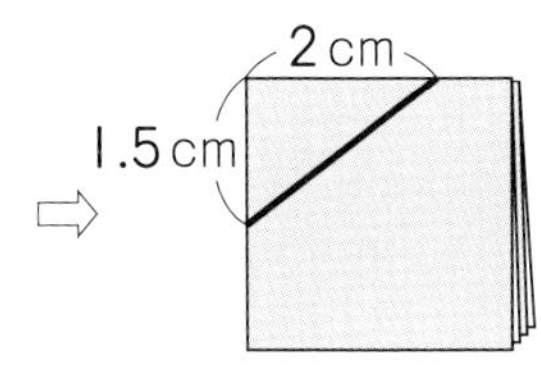

❶ 広げてできるのはどんな形ですか。

(　　　)

❷ 広げてできる形をかきましょう。

7 右の図のような三角形ABCがあります。3つの頂点A，B，Cに点Dを加えて，4つの点A，B，C，Dを頂点とする平行四辺形を，下の図に3つかきましょう。

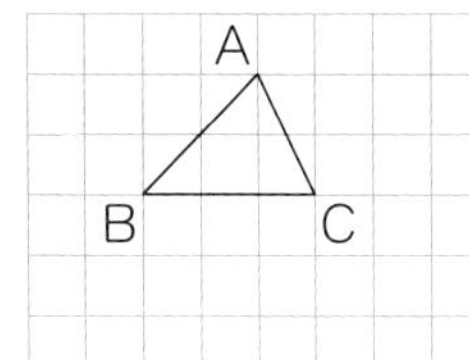

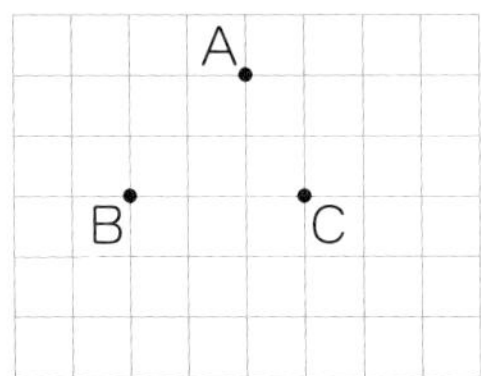

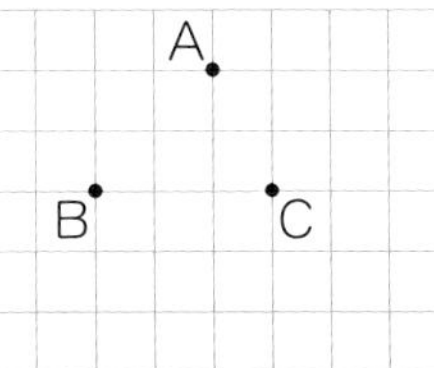

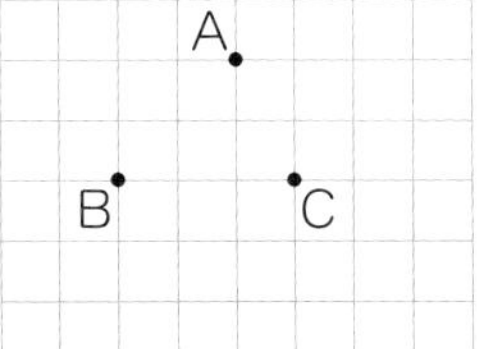

8 右の図のように，点Oを中心とする2つの円があります。点A～点Hのうち，次の4つの点を直線で結んでできる四角形は，何という四角形ですか。

❶ 四角形ABDE　　❷ 四角形CHFG

(　　　)　　(　　　)

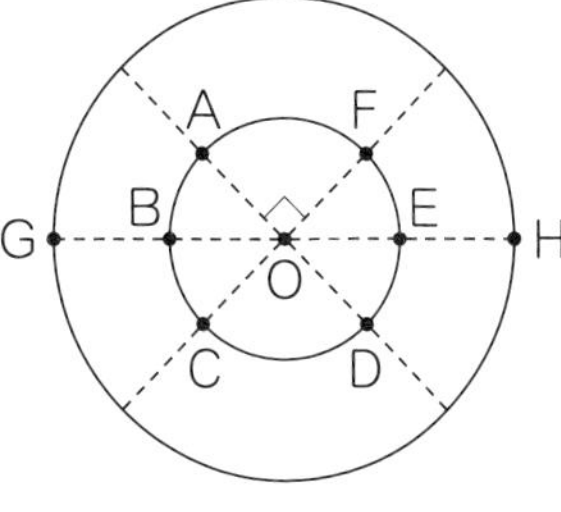

ヒント

❽ それぞれの四角形の対角線はどうなるかな。

思考力育成問題

ちがいに注目して，それを図に表して考える問題だよ。

答え▶19ページ

図を使って，ちがいに注目して考えよう！

次の会話文を読んで，あとの問題に答えましょう。

かなさん：週末(しゅうまつ)の3日間で，折(お)り紙の花かざりを300こ作る予定なんだ。

れんさん：毎日100こずつ作るの？

：時間の都合があるから，金曜日，土曜日，日曜日の順(じゅん)に作る数をふやしていくつもりだけど，どうすればいいかな。

：金曜日にくらべて土曜日は40こ，日曜日は50こ多く作ったらどう？

：その場合，それぞれの曜日に何こずつ作ることになるのかな。

先生：では，下のような図を使って考えてみましょう。

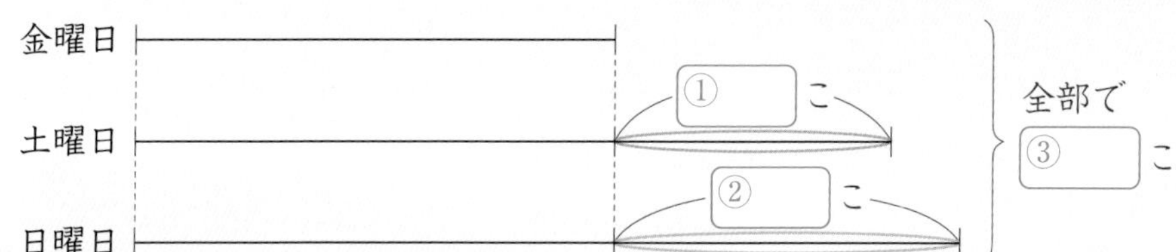

：上の図で，（　）の部分は金曜日と土曜日に作る数のちがいを表し，（　）の部分は［ あ ］を表していますね。

：全部の数［③］から，［①］と［②］をひいた数は，金曜日に作る数の［④］倍になりますね！

：そのとおりです。そうすると金曜日に作る数はいくつになりますか。

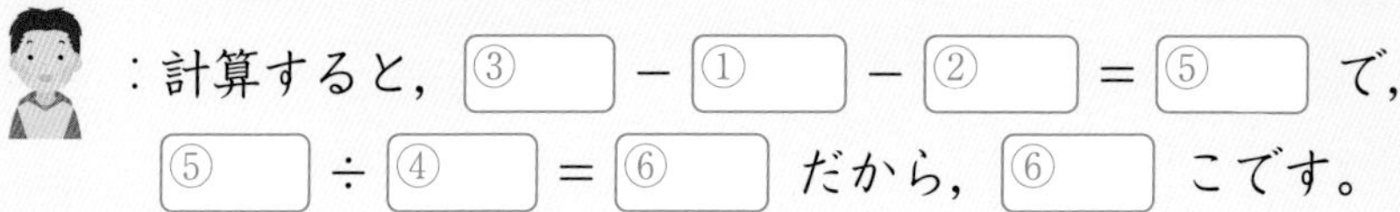
：計算すると，［③］－［①］－［②］＝［⑤］で，
［⑤］÷［④］＝［⑥］だから，［⑥］こです。

：土曜日に作る数は ⑦ こ，日曜日に作る数は ⑧ こになります。

：よくできました。ちがいに注目して図をかくと，同じ部分もわかりやすくなりますね。今回は，ちがう部分をひいて，土曜日と日曜日の数を金曜日の数にそろえましたが，㋑ほかの曜日にそろえる方法（ほうほう）もありますよ。

❶ ㋐にあてはまる文を書きましょう。

（　　　　　　　　　　）

❷ ①，②，③，④にあてはまる数はそれぞれいくつですか。

①（　　　）②（　　　）③（　　　）④（　　　）

❸ ⑤，⑥にあてはまる数はそれぞれいくつですか。

⑤（　　　）⑥（　　　）

❹ ⑦，⑧にあてはまる数はそれぞれいくつですか。

⑦（　　　）⑧（　　　）

❺ 下線部㋑について，下の図と式は，金曜日と土曜日の数を日曜日の数にそろえる方法を表したものです。⑨～⑮にあてはまる数はそれぞれいくつですか。

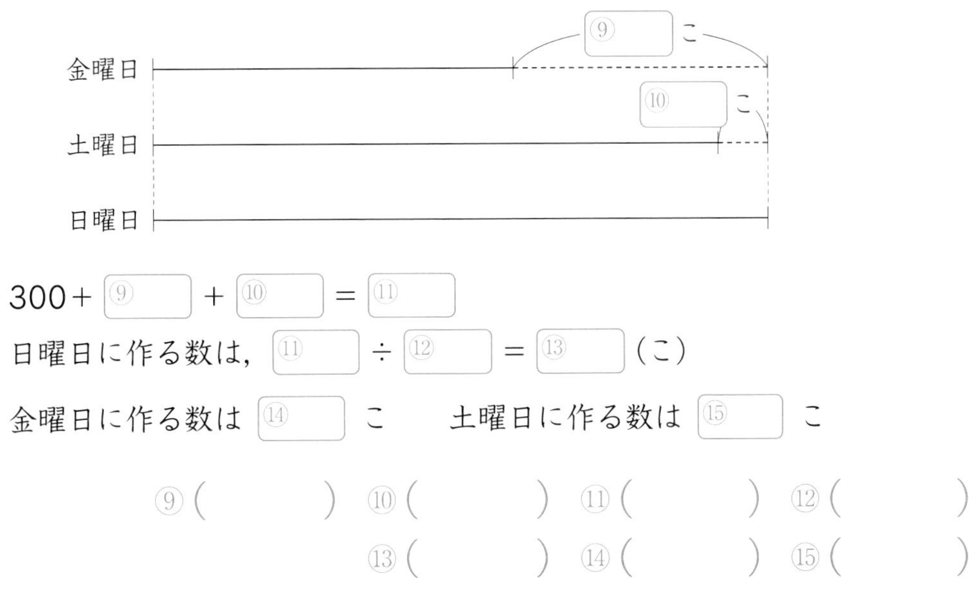

⑨（　　　）⑩（　　　）⑪（　　　）⑫（　　　）

⑬（　　　）⑭（　　　）⑮（　　　）

！ヒント

❺ ⑪は，金曜日と土曜日に，日曜日と同じ数ずつ作るとした場合の全部の数だね。

答え▶19ページ

14 倍の見方

2つの量(りょう)のうち，一方の量をもとにして，もう一方がその何倍になるかを考えるよ。

標準レベル

例題1 倍の見方

白のテープの長さは12cm，赤のテープの長さは60cmです。

① 赤は白の何倍ですか。

② 青のテープの長さは白の3倍です。青のテープの長さは何mですか。

③ 赤のテープの長さは黄の4倍です。黄のテープの長さは何mですか。

とき方 何倍にあたるかを表す数を割合といいます。割合は，もとにする量を1とみたときのくらべられる量の大きさです。図に表して考えましょう。

① 60cmが12cmのいくつ分かを考えます。

□ ÷ □ ＝ □

答え □倍

② 12cmを1とみたときの3にあたる大きさを考えます。

□ × □ ＝ □

答え □cm

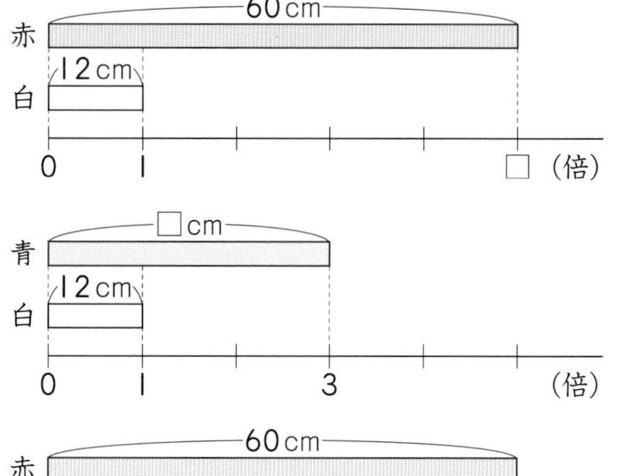

③ 60cmを4とみたときの1にあたる大きさを考えます。

□ ÷ □ ＝ □

答え □cm

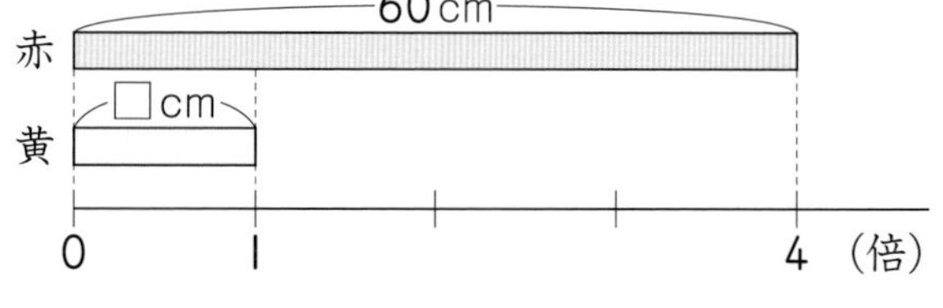

1 辞書(じしょ)と画集があります。ページ数は，辞書が432ページ，画集が72ページです。

❶ 辞書のページ数は，画集の何倍ですか。

式

答え（　　　　）

❷ 物語の本のページ数は画集の4倍です。物語の本は何ページありますか。

式

答え（　　　　）

❸ 辞書のページ数は絵本の9倍です。絵本は何ページありますか。

式

答え（　　　　）

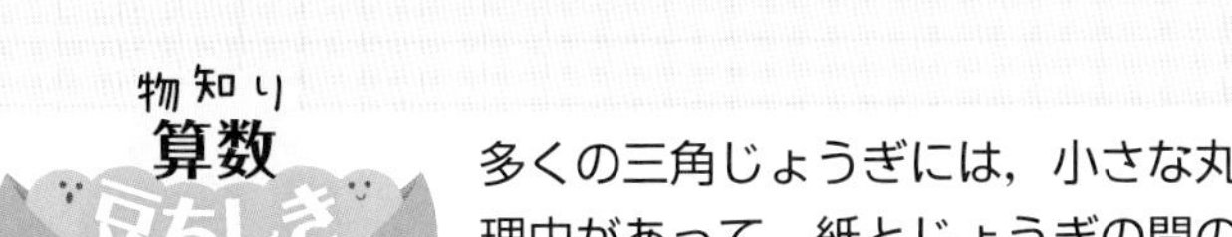

多くの三角じょうぎには，小さな丸い穴(あな)が空いているね。これにはいろいろ理由があって，紙とじょうぎの間の空気をぬいたり，じょうぎを取りやすくしたり，紙の上でじょうぎをすべらせやすくしたりするためなんだって。

例題2 割合の利用(りよう)

次の問いに答えましょう。

① 右の表は，今年生まれたシカとトラについて，2か月前といまの体重を表したものです。シカとトラでは，どちらの体重のふえ方が大きいといえますか。

シカとトラの体重

	2か月前	いま
シカ	6kg	12kg
トラ	2kg	8kg

② あめとキャラメルとチョコレートがあります。あめの数は105こで，これはキャラメルの3倍です。また，キャラメルの数はチョコレートの5倍です。チョコレートは何こありますか。

とき方 割合の考え方を利用してときます。

① シカもトラも，ふえた体重は6kgで同じですが，もとの体重がちがうので，いまの体重が2か月前の何倍になっているかでくらべます。

シカは □ ÷ □ ＝ □（倍），

トラは □ ÷ □ ＝ □（倍）

答え □

② 右の図のように，あめの数がチョコレートの何倍になるかを考えると，

チョコレート →(5倍)→ キャラメル →(3倍)→ あめ 105こ
チョコレート →(□倍)→ あめ

5× □ ＝ □（倍）

したがって，チョコレートの数は，

□ ÷ □ ＝ □

答え □ こ

2 右の表は，A(エー)，B(ビー)2種類(しゅるい)のゴムひもについて，もとの長さとのばした後の長さを表したものです。AとBでは，どちらがよくのびるといえますか。

ゴムひもの長さ

	もとの長さ	のばした後
A	90cm	270cm
B	60cm	240cm

式

答え（　　　　）

3 えん筆とボールペンと万年筆があります。万年筆のねだんは960円で，これはボールペンの8倍です。また，ボールペンのねだんはえん筆の2倍です。えん筆のねだんはいくらですか。

式

答え（　　　　）

答え▶20ページ

14 倍の見方

深めよう ハイレベル

割合は，何倍になるかを表す数だよ。しっかり頭に入れておこう。

1 ◯, ×, △, ☆のカードがあります。カードの数は，◯が42まい，×が126まいです。

❶ ◯のカードの数42まいを1とみると，×のカードの数126まいはいくつにあたりますか。

式

答え（　　　　）

❷ ◯のカードの数42まいを1とみると，△のカードの数は5にあたります。△のカードは何まいありますか。

式

答え（　　　　）

❸ ☆のカードの数を1とみると，×のカードの数は18にあたります。☆のカードは何まいありますか。

式

答え（　　　　）

2 ゆうたさんは，水害（すいがい）にそなえて，水でふくらむ土（ど）のうについて調べています。土のうA（エー）はもとの重さが400gで，ふくらんだあとは18kgになります。土のうB（ビー）はもとの重さが500gで，ふくらんだあとは20kgになります。土のうAと土のうBでは，どちらのふくらみ方が大きいといえますか。

式

答え（　　　　）

3 水そうとペットボトルとコップに水が入っています。水そうの水の量（りょう）は5L250mLで，これはペットボトルの7倍です。また，ペットボトルの水の量はコップの5倍です。

❶ コップの水の量を1とみると，水そうの水の量はいくつにあたりますか。

式

答え（　　　　）

❷ コップに入っている水の量は何mLですか。

式

答え（　　　　）

できたらスゴイ！

4 次の□にあてはまる数を書きましょう。

❶ 833こは49この□倍です。　❷ 24万の□倍は984万です。

❸ □回は28回の36倍です。　❹ 5460は□の14倍です。

5 あかりさんの家からデパートまでの道のりは3kmです。とちゅうにゆう便(びん)局があって，家からゆう便局までは250mです。あかりさんが，家からデパートに行くためにゆう便局まで歩いたとき，残りの道のりは歩いた道のりの何倍ですか。

式

答え（　　　）

6 あるスーパーでは，買い物金がく200円ごとにポイントが1ポイントたまる会員カードを発行しています。また，毎週木曜日にはたまるポイントが5倍になるセールを行っています。このカードを使って木曜日に2700円の買い物をしたとき，たまるポイントはどれだけですか。

式

答え（　　　）

7 なおとさんは切手を350まい持っています。弟に30まいあげたところ，なおとさんの持っている切手の数は弟の5倍になりました。弟ははじめに何まいの切手を持っていましたか。

式

答え（　　　）

8 ある町のイメージキャラクターを決めるため，A，B，C(シー)の3つのこうほから1つを選(えら)んでもらうアンケートちょうさをしました。468人の回答があり，Bを選んだ人の数はAを選んだ人の2倍でした。また，Cを選んだ人の数はBを選んだ人の3倍でした。Cを選んだ人は何人ですか。

式

答え（　　　）

ヒント

❽ Aを選んだ人数を1とみたとき，468人はいくつにあたるかな。

答え▶20ページ

15 計算のじゅんじょときまり

計算のじゅんじょときまりは，しっかり覚(おぼ)えておくことがたいせつだよ。

たしかめよう 標準レベル

例題1 計算のじゅんじょ

次の計算をしましょう。

① 500−(430−90)　　② 6×7+8÷4

とき方 計算のじゅんじょに注意します。

① 500−(430−90)＝500−□
＝□

② 6×7+8÷4＝□＋□
＝□

たいせつ
計算のじゅんじょは次のとおりです。
・ふつうは左から順(じゅん)に。
・(　)のある式は(　)の中を先に。
・×や÷は，＋や−より先に。

1 次の計算をしましょう。

❶ 24−4+7　　❷ 24−(4+7)

❸ 180÷2×15　　❹ 180÷(2×15)

❺ 300+11×5　　❻ 990−600÷3

❼ 2000−50×9　　❽ 32+64÷8

❾ 10×5+7×3　　❿ 10×(5+7×3)

2 1こ220円のケーキを4こ買って，1000円札を出しました。おつりはいくらですか。1つの式に表して，答えを求(もと)めましょう。

式

答え（　　　　）

植物（しょくぶつ）には，漢数字の名前のついているものがあるよ。かんたんには読めないものがいくつかあるね。たとえば，「百合」は「ゆり」と読むよ。

例題2 （　）を使った式の計算のきまり

次の計算を，くふうしてしましょう。

① 104×12　　② 95×8

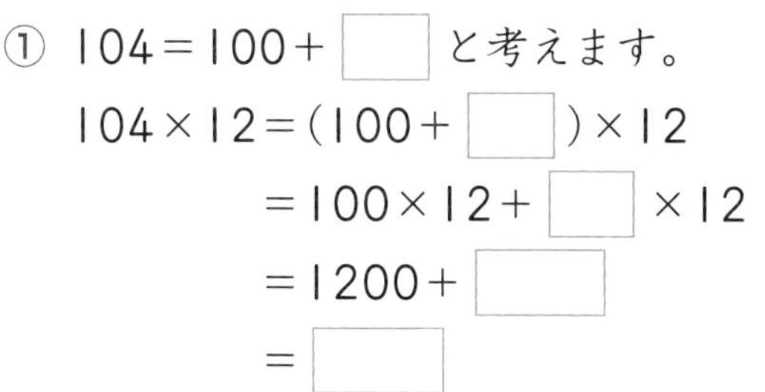

とき方　（　）を使った式には，右のような計算のきまりがあります。このきまりを使って100などのまとまりをつくると，計算がかんたんになる場合があります。

たいせつ
分配（ぶんぱい）のきまり
・(■＋●)×▲＝■×▲＋●×▲
・(■－●)×▲＝■×▲－●×▲

① 104＝100＋□と考えます。
104×12＝(100＋□)×12
＝100×12＋□×12
＝1200＋□
＝□

② 95＝100－□と考えます。
95×8＝(100－□)×8
＝100×8－□×8
＝800－□
＝□

3 次の□にあてはまる数を書きましょう。

❶ (50＋7)×9＝50×□＋7×□　　❷ (40－6)×15＝40×□－□×15

❸ 105×13＝(□＋5)×13　　❹ 97×21＝(□－3)×21

4 次の計算を，くふうしてしましょう。

❶ 103×23　　❷ 102×45

❸ 98×7　　❹ 96×25

5 9gのふうとうに100gのカタログを入れます。これを31組作るとき，全体の重さは何gになりますか。1つの式に表して，答えを求めましょう。

式

答え（　　　　）

答え▶21ページ

15 計算のじゅんじょときまり

ハイレベル

計算をはじめる前に式の形をチェックして，( )や×，÷があるかどうかを調べよう。

1 次の計算をしましょう。

❶ $40\times(52-45)$ ❷ $(158+115)\div21$

❸ $20\times(6+4)\times33$ ❹ $56-42\div7-1$

❺ $45+9\times8\div12$ ❻ $94-6\times(3+5)$

❼ $250-(7\times5-4)$ ❽ $61\times(38-32\div4)$

2 次の計算を，くふうしてしましょう。

❶ 202×14 ❷ 99×87

❸ 1004×25 ❹ 994×6

3 下の❶～❸の式は，次の**ア**～**ウ**のことがらのうち，どれを表していますか。それぞれ1つ選(えら)び，記号で答えましょう。

ア 1本90円のボールペン1本と，1さつ130円のノート4さつを買うときの代金
イ 1本90円のボールペン4本と，1さつ130円のノート1さつを買うときの代金
ウ 1本90円のボールペンと1さつ130円のノートを組にして，4組買うときの代金

❶ $90\times4+130$ ❷ $(90+130)\times4$ ❸ $90+130\times4$

( ) ( ) ( )

✦✦✦ できたらスゴイ！

4 次の計算をしましょう。

❶ 228÷(138÷23)　　❷ 1015−561÷(11×3)

❸ (228+97)÷13−18　　❹ 5571÷(74−65)−17×21

5 次の計算を，くふうしてしましょう。

❶ 61×19+39×19　　❷ 1234×56−234×56

6 次の式で，答えが正しくなるように，□にあてはまる+，−，×，÷の記号を書きましょう。

❶ 8+6×4 □ 2=20　　❷ 8 □ (6−4)÷2=8

7 次の式で，答えが正しくなるように，式に1組の(　)を書き入れましょう。

❶ 5×4+3×2=70　　❷ 2×72−12÷6=22

8 次の問題を1つの式に表して，答えを求(もと)めましょう。

❶ 160ページの本が3さつあります。これを毎日同じページ数ずつ読んで15日間で読み終わるとすると，1日あたり何ページ読むことになりますか。

式

答え (　　　　)

❷ 旅行のために90000円を積(つ)み立てます。最初(さいしょ)の6か月は毎月4500円ずつ積み立てました。残りをあと1年で積み立てるには，毎月いくらずつ積み立てることになりますか。

式

答え (　　　　)

! ヒント

8 ❷ あと1年ということは，積み立てる月数は12か月だね。

答え▶22ページ

16 計算のくふう，式と計算

計算がかんたんになるようにくふうしよう。100などのまとまりをつくるといいね。

たしかめよう　標準レベル

例題1 計算のくふう

次の計算を，くふうしてしましょう。

① 84＋57＋16　　② 25×28

とき方 たし算やかけ算の交かんのきまり，結合のきまりを使って，計算がかんたんになるようにします。②は，25×4＝100を利用します。

① 84＋57＋16＝57＋□＋16（交かんのきまり）
＝57＋(□＋16)（結合のきまり）
＝57＋□
＝□

② 25×28＝25×(□×7)（結合のきまり）
＝(25×□)×7
＝□×7
＝□

たいせつ
交かんのきまり
・■＋●＝●＋■
・■×●＝●×■
結合のきまり
・(■＋●)＋▲＝■＋(●＋▲)
・(■×●)×▲＝■×(●×▲)

1 次の計算を，くふうしてしましょう。

❶ 39＋78＋22　　❷ 67＋289＋33

❸ 144＋493＋856　　❹ 17×25×4

❺ 5×87×20　　❻ 39×125×8

❼ 25×24　　❽ 36×25

❾ 125×16　　❿ 56×125

「百日紅」は何の植物の漢字かわかるかな？「さるすべり」だよ。およそ百日間，紅(あざやかな赤色のこと)の花がさき続けるから，その名前がついたという説があるよ。

例題２ かけ算のせいしつ

9×7＝63をもとにして，90×70の積を求めましょう。

とき方 かけ算のせいしつを使います。

9 × 7 ＝ 63
↓×10　↓×10　　×100
90 × 70 ＝ □

たいせつ
・かける数が10倍になると，積も10倍になり，かけられる数とかける数がそれぞれ10倍になると，積は10×10で100倍になります。

2 次の計算を，かけ算のせいしつを使って，くふうしてしましょう。

❶ 8×90　❷ 60×80　❸ 30×700

例題３ 計算の関係

□にあてはまる数を求めましょう。

① □＋37＝104　② □×9＝54

とき方 たし算とひき算の関係，かけ算とわり算の関係にあてはめます。

① □＋37＝104
□＝104 □ 37
□＝□

② □×9＝54
□＝54 □ 9
□＝□

たいせつ
たし算とひき算の関係
・■＋●＝▲ → ■＝▲−●，●＝▲−■
・■−●＝▲ → ■＝▲＋●，●＝■−▲
かけ算とわり算の関係
・■×●＝▲ → ■＝▲÷●，●＝▲÷■
・■÷●＝▲ → ■＝▲×●，●＝■÷▲

3 □にあてはまる数を求めましょう。

❶ 16＋□＝91　(　　)
❷ □−29＝45　(　　)
❸ 132−□＝89　(　　)
❹ 14×□＝98　(　　)
❺ □÷7＝61　(　　)
❻ 234÷□＝18　(　　)

答え▶22ページ

16 計算のくふう，式と計算

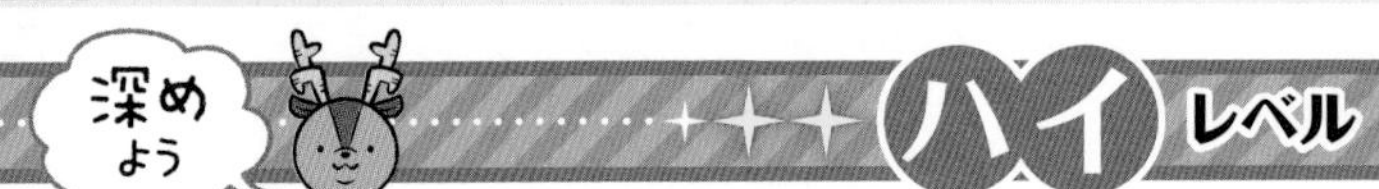

交かんのきまりや結合のきまりは，小数のたし算でも使えるよ

1 次の計算を，くふうしてしましょう。

❶ 1248＋550＋752　　❷ 3350＋2789＋1650

❸ 79＋6.9＋3.1　　❹ 2.2＋4.5＋7.8

❺ 4×11×25　　❻ 8×12×125

❼ 84×25　　❽ 248×125

2 次の**ア**～**エ**のうち，答えが等しくなる式はどれとどれですか。

ア 70×50　　**イ** 700×500　　**ウ** 700×5　　**エ** 7×5000

（　　　　）

3 28×9＝252をもとにして，次の計算をしましょう。

❶ 28×18　　❷ 2800×9　　❸ 280×900

4 次の計算を，かけ算のせいしつを使って，くふうしてしましょう。

❶ 400×400　　❷ 3000×40　　❸ 800×5000

5 □にあてはまる数を求(もと)めましょう。

❶ □＋57＝234　　❷ □－165＝93　　❸ 540－□＝361

（　　　　）　（　　　　）　（　　　　）

❹ □×17＝952　　❺ □÷67＝4600　　❻ 9860÷□＝29

（　　　　）　（　　　　）　（　　　　）

できたらスゴイ！

6 次の計算を，くふうしてしましょう。

❶ 2.8＋11.5＋7.2＋8.5　　❷ 1300＋189＋211＋4700

❸ 6×25×3×14　　❹ 2×125×18×10

❺ 52×78＋78×48　　❻ 37×173－73×37

7 □にあてはまる数を求めましょう。

❶ □×4＋2＝30　（　　）

❷ □÷9－7＝13　（　　）

❸ (□－11)×8＝40　（　　）

❹ 350×□÷500＝1680　（　　）

8 次のことがらを□を使った式に表して，□にあてはまる数を求めましょう。

❶ □円のジュースを4本買って1000円札を出したら，おつりは520円でした。

式

答え（　　）

❷ 450g入りの牛肉を12パック買って□人で分けたら，1人分は180gでした。

式

答え（　　）

❸ ある数□を7倍して32をたしました。その計算の答えの数を18でわると，商が13であまりが1になりました。

式

答え（　　）

ヒント

7 8 順(じゅん)にもどして考えよう。たとえば，7❶は，まず□×4がいくつかを考えよう。

8 ❸ わられる数とわる数，商，あまりの関係(かんけい)を式に表そう。

答え▶23ページ

17 がい数の使い方と表し方

がい数とは，およその数のことだよ。だいたいの大きさを知りたいときに便利(べんり)だよ。

標準レベル

例題1 およその数の表し方

次の問いに答えましょう。

① 58364を四捨五入(ししゃごにゅう)して，千の位(くらい)までのがい数にしましょう。また，上から1けたのがい数にしましょう。

② 十の位で四捨五入して300になる整数のはんいを，以上(いじょう)と未満(みまん)を使って表しましょう。

とき方 四捨五入では，すぐ下の位の数字が0，1，2，3，4のときは切り捨(す)て，5，6，7，8，9のときは切り上げます。

① 千の位までのがい数…□の位で四捨五入します。百の位は□だから，364を0とみて切り捨てて，□になります。

58364 → 58000
000

上から1けたのがい数…上から□けためで四捨五入します。上から2けためは□だから，8364を10000とみて切り上げて，□になります。

58364 → 60000
10000

② はんいは右のようになります。いちばん小さい整数は□で，いちばん大きい整数は□です。以上はその数をふくみ，未満はその数をふくまないから，□以上□未満と表されます。

250　300　350
300になるはんい

1 次の数を四捨五入して，❶～❸は千の位までのがい数にしましょう。また，❹～❻は上から1けたのがい数にしましょう。

❶ 3594 (　　　)　❷ 17462 (　　　)　❸ 50088 (　　　)

❹ 2626 (　　　)　❺ 83970 (　　　)　❻ 95141 (　　　)

2 百の位で四捨五入して47000になる整数のはんいを，以上と以下を使って表しましょう。

(　　　)

学習した日　　　月　　　日

「百」の漢字がつく動物として代表的なものは，「百舌鳥」だね。「もず」という鳥だよ。百種類もの鳥の鳴き声をまねできるとされたから，「百の舌」なんだね。

例題２　がい数を使った計算

次の計算で，四捨五入して，和，差，積，商を見積もりましょう。①と②は百の位までのがい数，③と④は上から１けたのがい数にして計算しましょう。

① 761＋524　　　② 2450－890

③ 384×465　　　④ 6358÷34

とき方　おおまかに見積もりたいときは，それぞれの数を四捨五入します。

和や差…求めようと思う位までのがい数にして計算します。

積や商…上から１けたのがい数にして計算します。ただし，商については，わられる数を上から２けたのがい数にして計算する場合もあります。

① □＋500＝□

② □－□＝□

③ 400×□＝□

④ □÷□＝□

さんこう

実さいに計算すると，

① 1285　② 1560

③ 178560　④ 187

3　次の計算で，四捨五入して千の位までのがい数にして，和や差を見積もりましょう。

❶ 1198＋2550　（　　　）

❷ 5870－4263　（　　　）

❸ 27300＋65430　（　　　）

❹ 30952－26512　（　　　）

4　次の計算で，四捨五入して上から１けたのがい数にして，積や商を見積もりましょう。

❶ 275×43　（　　　）

❷ 779÷19　（　　　）

❸ 684×372　（　　　）

❹ 8547÷33　（　　　）

答え▶24ページ

17 がい数の使い方と表し方

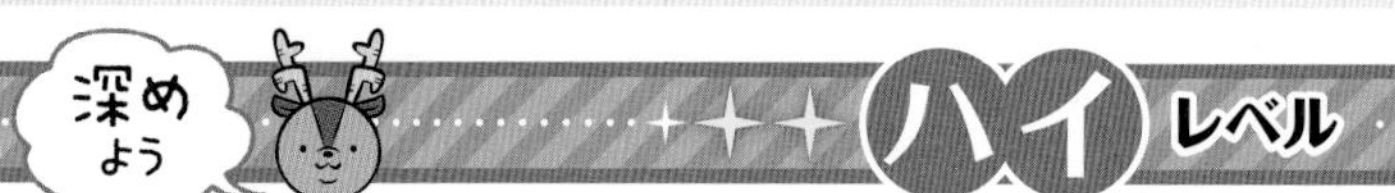

見積もりは，ふだんの生活でもよく使われるよ。しっかり練習しようね。

1 次の数を四捨五入して，❶〜❸は一万の位までのがい数，❹〜❻は上から2けたのがい数にしましょう。

❶ 77384　（　　　）
❷ 394260　（　　　）
❸ 1295043　（　　　）
❹ 60395　（　　　）
❺ 238734　（　　　）
❻ 996400　（　　　）

2 次の**ア**〜**オ**で，四捨五入して，上から1けたのがい数にすると8000になり，上から2けたのがい数にすると7600になる数をすべて選び，記号で答えましょう。

ア 7450　**イ** 7549　**ウ** 7550　**エ** 7649　**オ** 8049

（　　　）

3 次の計算で，四捨五入して，和，差，積，商を見積もりましょう。❶と❷は一万の位までのがい数，❸と❹は上から1けたのがい数にして計算しましょう。

❶ 484276＋548210　（　　　）
❷ 1142530－397218　（　　　）
❸ 8374×665　（　　　）
❹ 28456÷512　（　　　）

4 下の表は，A，B，C，Dの4つの駅の1日あたりの利用者の数を表しています。これを，一万の位までのがい数にして，1目もりが1万人を表すようなぼうグラフにかきましょう。

駅の利用者の数

駅	人数(人)
A	123790
B	54708
C	155469
D	276324

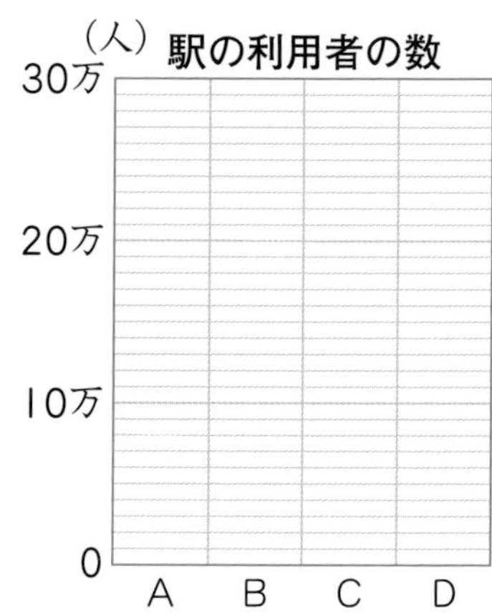

✦✦✦できたらスゴイ！

5 四捨五入して百の位までのがい数にすると2000kmになる長さのはんいを，以上，以下，未満のどれかを使って表しましょう。

（　　　　　　）

6 次の計算で，四捨五入して，和，差を（　）の中の位までのがい数で求めましょう。

❶ 3249＋2531＋3469　（百の位）　❷ 98532－32911－45777　（千の位）

（　　　　）　（　　　　）

7 ゆうたさんは商店街に買い物に行って，右のものを買うときの代金の合計を，がい数を使って見積もろうとしています。下の❶，❷の場合，それぞれどのように計算すればよいでしょう。次の**ア**～**ウ**から選びましょう。

ざっし	770円
おかし	378円
ノート	132円
ゲーム	539円

ア　800＋400＋100＋500＝1800（円）

イ　700＋300＋100＋500＝1600（円）

ウ　800＋400＋200＋600＝2000（円）

❶ 持っている2000円でたりるかどうか見積もる場合

（　　　　）

❷ 代金の合計が1500円以上のときにひけるくじがひけるかどうか見積もる場合

（　　　　）

8 子ども会の74人の遠足で，バスを2台借りると142780円かかります。1人分のバス代は約何円になりますか。四捨五入して，わられる数を上から2けた，わる数を上から1けたのがい数にして見積もりましょう。

式

答え（　　　　）

9 [1]，[2]，[3]，[4]，[5]の5まいの数字カードがあります。このカードをならべて，5けたの整数をつくります。四捨五入して千の位までのがい数にしたとき，32000になる整数を，小さいほうから3つ書きましょう。

（　　　　　　）

！ヒント

❾ まず，千の位までのがい数にしたとき，32000になる整数のはんいを考えよう。

答え▶24ページ

18 面積の表し方，長方形と正方形の面積

面積とは広さのこと。長方形や正方形の面積を求(もと)める公式は，これからもずっと使うよ。

たしかめよう 標準レベル

例題1 長方形と正方形の面積

次の長方形や正方形の面積は何cm^2ですか。

① たて3cm，横5cmの長方形
② 1辺(へん)が4cmの正方形

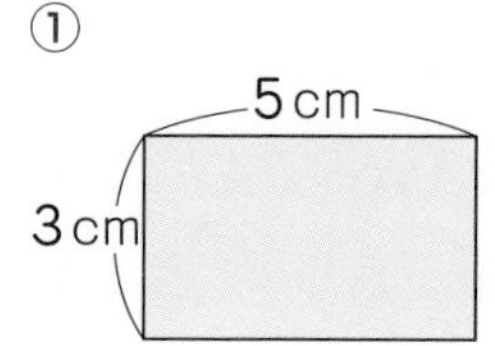

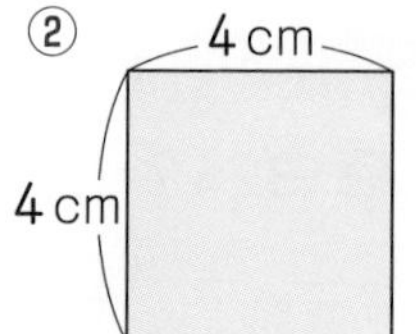

とき方 cm^2は面積の単位(たんい)で，1辺が1cmの正方形の面積を1cm^2と表します。

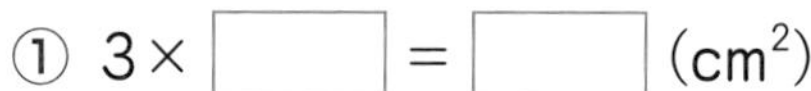

長方形，正方形の面積は，それぞれの公式にあてはめて計算します。

① 3×□＝□(cm^2)

② □×□＝□(cm^2)

たいせつ
長方形の面積＝たて×横
＝横×たて
正方形の面積＝1辺×1辺

1 次の長方形や正方形の面積は何cm^2ですか。

❶ たて6cm，横8cmの長方形　　❷ 1辺が7cmの正方形

(　　　)　　(　　　)

例題2 面積の公式を使って

面積が24cm^2の長方形をかこうと思います。たての長さを4cmにすると，横の長さは何cmになりますか。

とき方 横の長さを□cmとして，面積の公式にあてはめます。

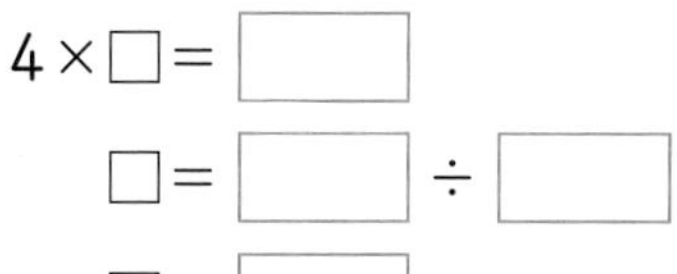

4×□＝□
□＝□÷□
□＝□

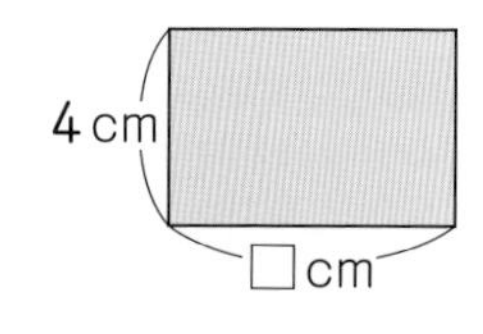

たての長さが4cmのとき，横の長さは□cmです。

2 面積が156cm^2の長方形をかこうと思います。横の長さを12cmにすると，たての長さは何cmになりますか。

(　　　)

面積の単位「平方センチメートル」の「平方」とは，「同じ数を2つかける」という意味だよ。たてと横の長さが1cmの正方形の面積は，1cmを「2つかける」ことで「1cm^2」になるね。

例題3　面積の求め方のくふう

右の図形の面積は何cm^2ですか。

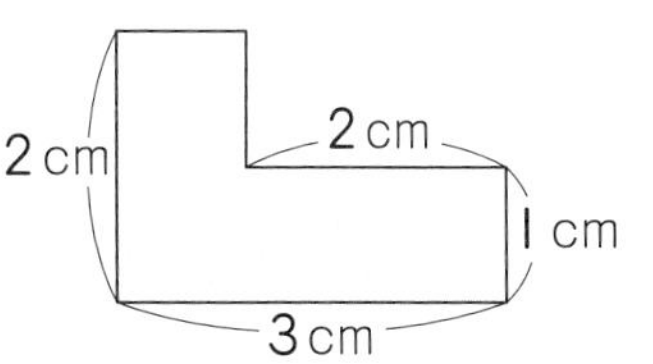

とき方　2つの長方形や正方形に分けたり，つぎたして大きな長方形をつくったりして，長方形や正方形の面積の公式が使えるようにくふうします。

①《分ける方法1》
たてに線を入れて，
Ⓐとⓘに分けます。

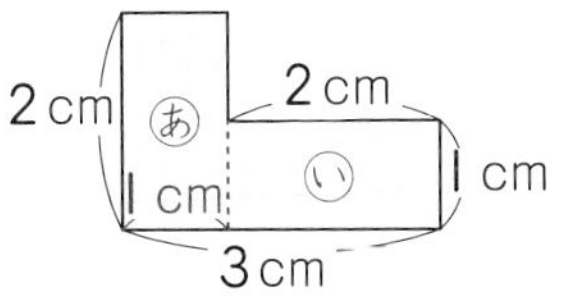

ⒶとⓘをたＳして，
$2\times$ □ $+1\times$ □
$=$ □ $+$ □
$=$ □ (cm^2)

②《分ける方法2》
横に線を入れて，
ⓤとⓔに分けます。

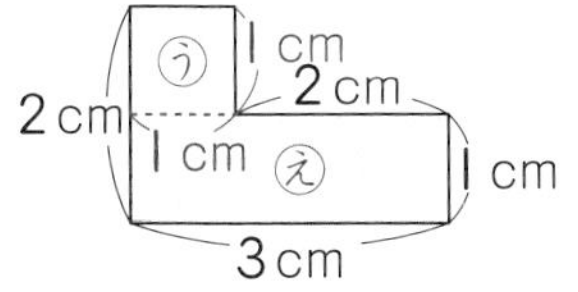

ⓤとⓔをたして，
$1\times$ □ $+1\times$ □
$=$ □ $+$ □
$=$ □ (cm^2)

③《つぎたす方法》
つぎたして，大きい
長方形をつくります。

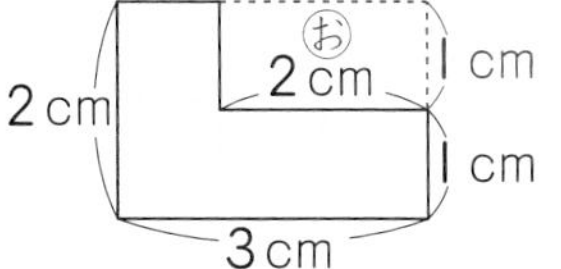

大きい長方形から
Ⓞをひいて，

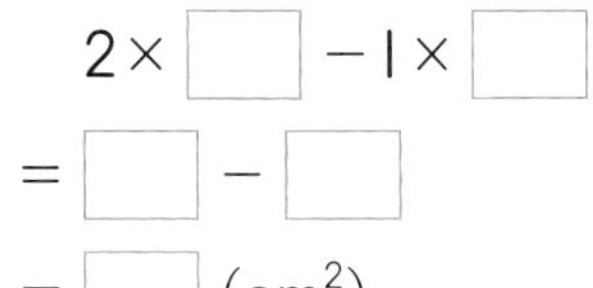

$2\times$ □ $-1\times$ □
$=$ □ $-$ □
$=$ □ (cm^2)

3　次の図形の面積は何cm^2ですか。

❶

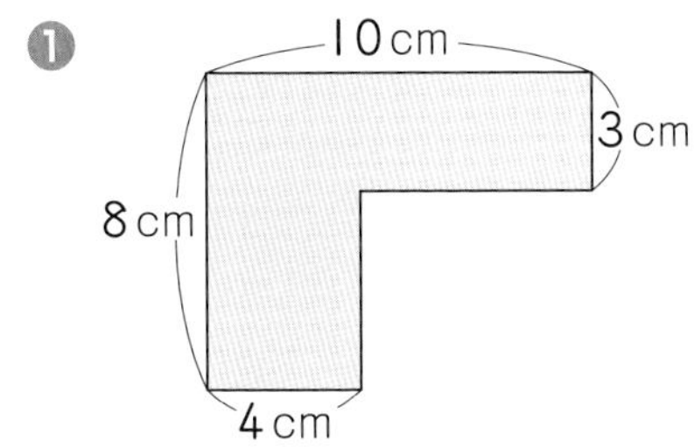

（　　　　）

❷

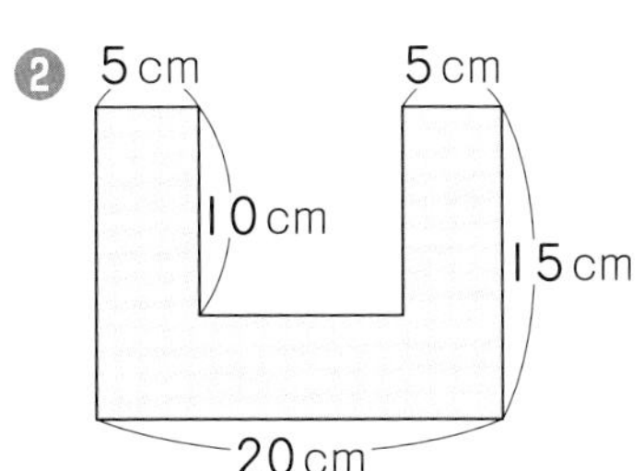

（　　　　）

18 面積の表し方，長方形と正方形の面積

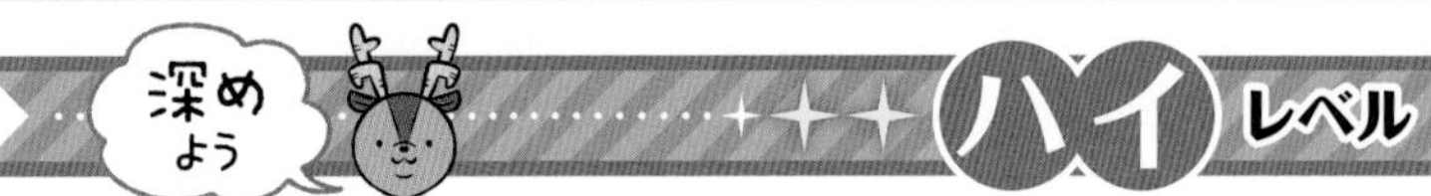

図の中に，長方形や正方形を見つけられれば面積を求（もと）められるね。

❶ 右の図で，あ，いの図形の面積は何cm^2ですか。

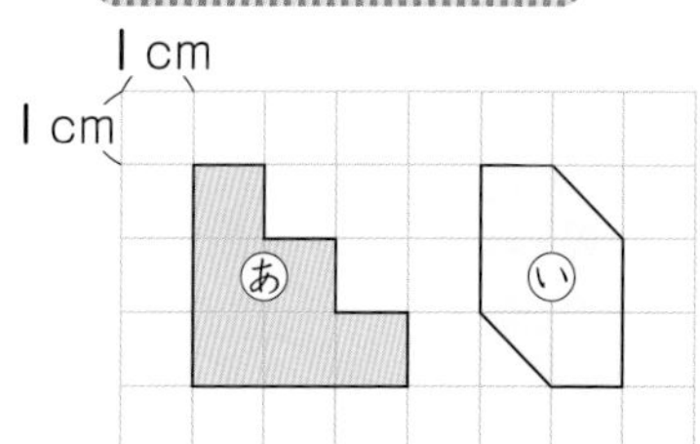

あ（　　　　　）　い（　　　　　）

❷ 次の長方形や正方形の面積は何cm^2ですか。

❶ 右の図のような長方形

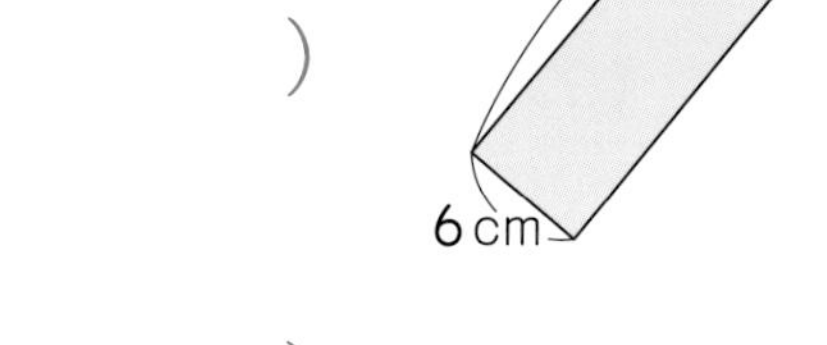

（　　　　　）

❷ まわりの長さが44cmの正方形

（　　　　　）

❸ 1辺（へん）が8cmの正方形があります。この正方形と同じ面積で，たての長さが4cmの長方形の横の長さは何cmですか。

（　　　　　）

❹ 次の図形の面積は何cm^2ですか。

❶

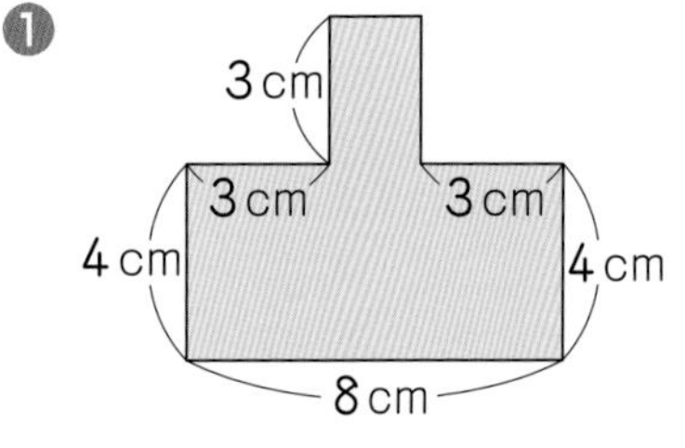

（　　　　　）

❷

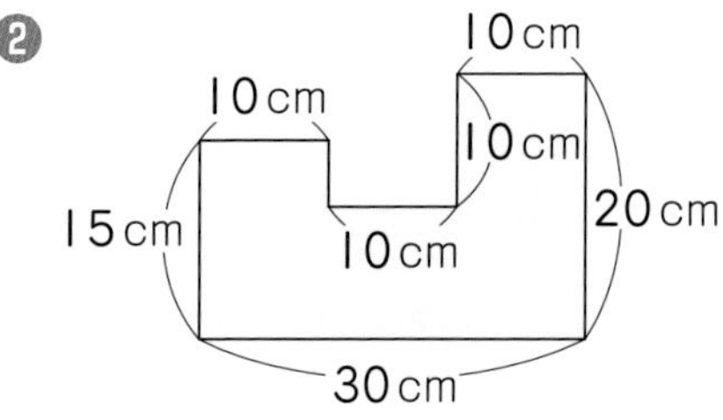

（　　　　　）

❸

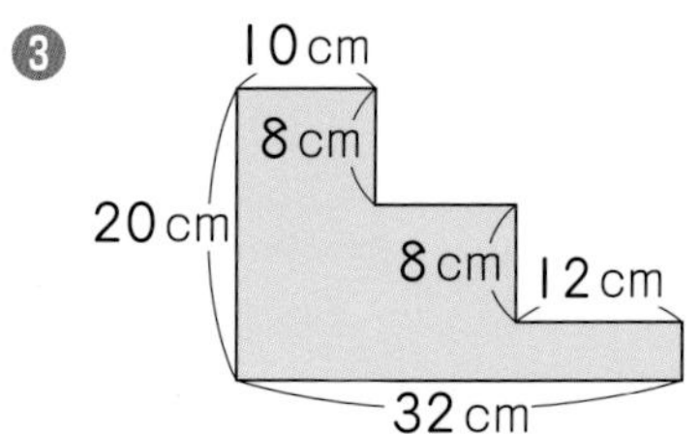

（　　　　　）

❹

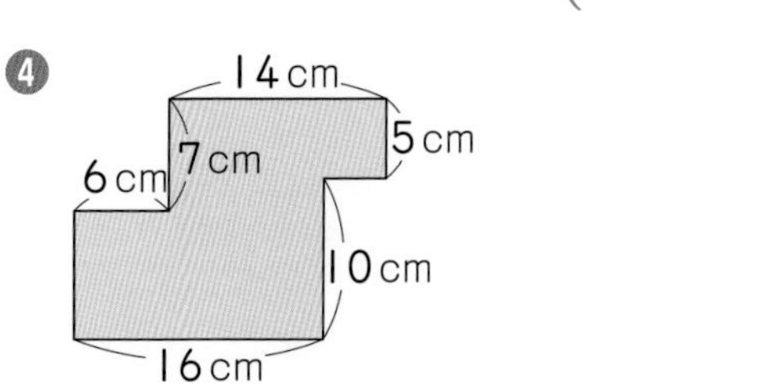

（　　　　　）

できたらスゴイ！

5 次の長方形や正方形の面積は何cm^2ですか。

❶ 右の図のような正方形

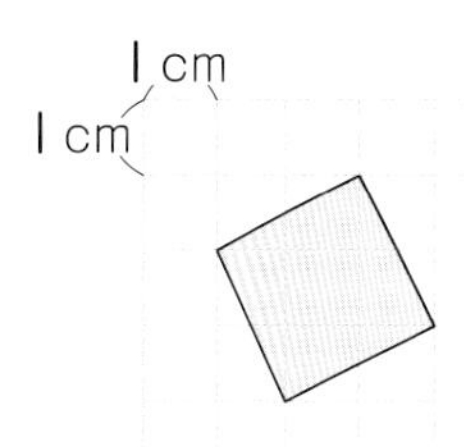

（　　　　）

❷ たてが9cmで，まわりの長さが50cmの長方形

（　　　　）

6 次の図の色をぬった部分の面積は何cm^2ですか。

❶

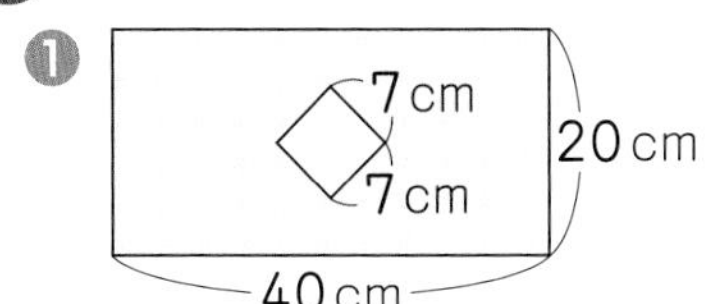

（　　　　）

❷

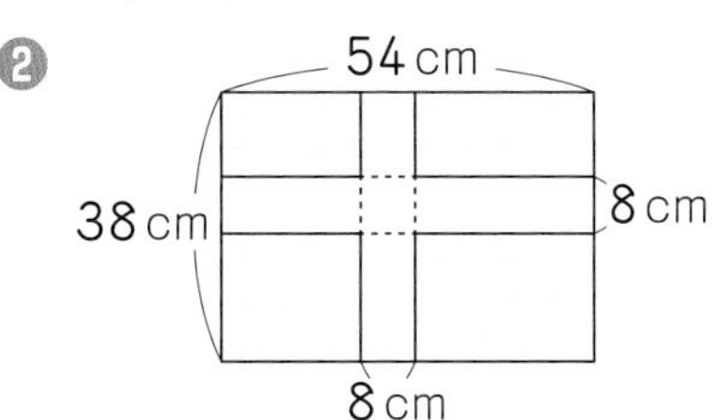

（　　　　）

7 右のような図形があります。直線**アイ**で，この図形の面積を2等分するとき，□にあてはまる数を求めましょう。

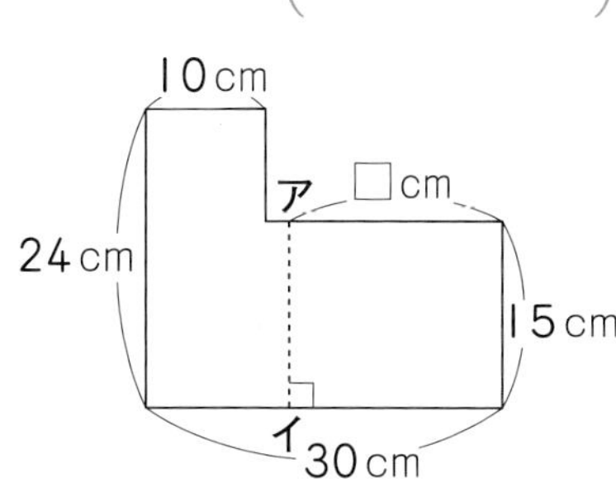

（　　　　）

8 たて5cm，横10cmの長方形の紙があります。これを，右の図のように3cmずつ重なるようにはり合わせて，横に長い長方形をつくります。次の長方形の面積は何cm^2ですか。

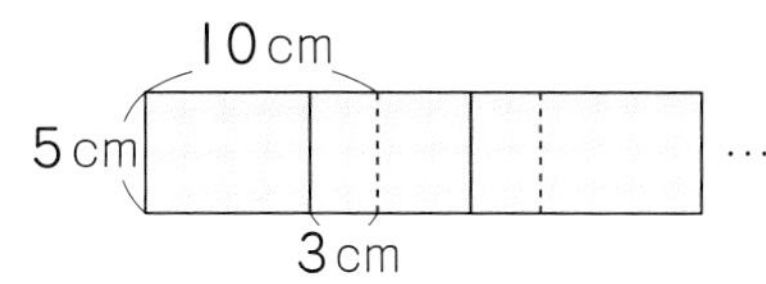

❶ 紙を3まいはり合わせてできる長方形

（　　　　）

❷ 紙を10まいはり合わせてできる長方形

（　　　　）

！ヒント

6 ❷ 白い部分をはしによせて，色のついた部分をまとめよう。

7 まず，図形全体の面積を求めよう。

8 はり合わせる紙が1まいふえると，できる長方形の横の長さはどれだけふえるかな。

答え▶26ページ

19 大きな面積の単位，長方形のたての長さと面積

大きな面積は，1辺が1mの正方形や，1辺が1kmの正方形の面積を単位に使うよ。

標準レベル

例題1 大きな面積の単位

次の問いに答えましょう。

① たて3m，横4mの長方形の面積は何m^2ですか。また，何cm^2ですか。

② 1辺が8kmの正方形の面積は何km^2ですか。また，何m^2ですか。

とき方 面積の単位は，長さの単位がもとになっています。それぞれの関係を覚えて，単位の計算をしましょう。

① 面積は，3×□＝□（m^2）

また，1m＝100cmより，

$1m^2$＝100cm×100cm＝□（cm^2）

だから，長方形の面積をcm^2で表すと，

12×□＝□（cm^2）

② 面積は，8×□＝□（km^2）

また，1km＝1000mより，

$1km^2$＝1000m×1000m＝□（m^2）

だから，正方形の面積をm^2で表すと，

64×□＝□（m^2）

たいせつ

大きな面積の単位

- 1辺が1mの正方形
  $1m^2$＝$10000cm^2$
- 1辺が1kmの正方形
  $1km^2$＝$1000000m^2$
- 1辺が10mの正方形
  1a＝$100m^2$
- 1辺が100mの正方形
  1ha＝$10000m^2$

1 たて9m，横600cmの長方形の形をした広場の面積は何m^2ですか。

（　　　）

2 東西17km，南北5000mの長方形の形をした湖の面積は何km^2ですか。

（　　　）

3 まわりの長さが2000mの正方形の形をした土地があります。

❶ この土地の面積は何m^2ですか。

（　　　）

❷ この土地の面積は何aですか。また，何haですか。

（　　　a）（　　　ha）

郵便はがき

おそれいりますが，切手をおはりください。

141-8426

東京都品川区西五反田２－11－８
（株）文理

「トクとトクイになる！
小学ハイレベルワーク」
アンケート 係

ご住所	〒 都道府県 市区郡 電話 － －		
お名前	フリガナ	男・女	学年 年
お買上げ月	年 月	学習塾に	□通っている □通っていない
スマートフォンを	□持っている □持っていない		

＊ご住所は町名・番地までお書きください。

✂はがきで送られる方はここを切り取ってください。

「トクとトクイになる！ 小学ハイレベルワーク」をお買い上げいただき，ありがとうございました。今後のよりよい本づくりのため，裏にありますアンケートにお答えください。

アンケートにご協力くださった方の中から，抽選で（年２回），**図書カード1000円分**をさしあげます。（当選者の発表は賞品の発送をもってかえさせていただきます。）なお，このアンケートで得た情報は，ほかのことには使用いたしません。

《はがきで送られる方》

① 左のはがきの下のらんに，お名前など必要事項をお書きください。
② 裏にあるアンケートの回答を，右にある回答記入らんにお書きください。
③ 点線にそってはがきを切り離し，お手数ですが，左上に切手をはって，ポストに投函してください。

《インターネットで送られる方》

文理のホームページよりアンケートのページにお進みいただき，ご回答ください。

https://portal.bunri.jp/questionnaire.html

アンケート

●次のアンケートにお答えください。回答は右のらんにあてはまる□をぬってください。

[1] 今回お買い上げになった教科は何ですか。
①国語　②算数　③理科　④社会

[2] 今回お買い上げになった学年は何ですか。
①1年　②2年　③3年
④4年　⑤5年　⑥6年
⑦1・2年(理科と社会)　⑧3・4年(理科と社会)

[3] この本をお選びになったのはどなたですか。
①お子様　②保護者様　③その他

[4] この本を選ばれた決め手は何ですか。(複数可)
①内容・レベルがちょうどよいので。
②カラーで見やすく，わかりやすいので。
③「答えと考え方」がくわしいので。
④中学受験を考えているので。
⑤自動採点 CBT がついているので。
⑥付録がついているので。
⑦知り合いにすすめられたので。
⑧書店やネットなどですすめられていたので。
⑨その他

[5] どのような使い方をされていますか。(複数可)
①お子様が一人で使用
②保護者様とごいっしょに使用
③答え合わせだけ，保護者様とごいっしょに使用
④その他

[6] 内容はいかがでしたか。
①わかりやすい　②ややわかりにくい
③わかりにくい　④その他

[7] 問題の量はいかがでしたか。
①ちょうどよい　②多い　③少ない

[8] 問題のレベルはいかがでしたか。
①ちょうどよい　②難しい　③やさしい

[9] ページ数はいかがでしたか。
①ちょうどよい　②多い　③少ない

[10] 表紙デザインはいかがでしたか。
①よい　②ふつう　③よくない

[11] 別冊の「答えと考え方」はいかがでしたか。
①ちょうどよい　②もっとくわしく
③もっと簡単でよい　④その他

[12] 付属の自動採点 CBT はいかがでしたか。
①役に立つ　②役に立たない
③使用していない

[13] 役に立った付録は何ですか。(複数可)
①しあげのテスト（理科と社会の1・2年をのぞく）
②問題シール（理科と社会の1・2年）
③ WEB でもっと解説（算数のみ）

[14] 学習記録アプリ［まなサポ］はいかがですか。
①役に立つ　②役に立たない　③使用していない

[15] 文理の問題集で，使用したことのあるものがあれば教えてください。(複数可)
①小学教科書ワーク
②小学教科書ドリル
③小学教科書ガイド
④できる‼がふえる♪ドリル
⑤トップクラス問題集
⑥全科まとめて
⑦ハイレベル算数ドリル
⑧その他

[16]「トクとトクイになる！ 小学ハイレベルワーク」シリーズに追加発行してほしい学年・分野・教科などがありましたら，教えてください。

[17] この本について，ご感想やご意見・ご要望がありましたら，教えてください。

[18] この本の他に，お使いになっている参考書や問題集がございましたら，教えてください。また，どんな点がよかったかも教えてください。

アンケートの回答：記入らん

[1] □①　□②　□③　□④
[2] □①　□②　□③　□④　□⑤　□⑥　□⑦　□⑧
[3] □①　□②　□③(　　)
[4] □①　□②　□③　□④　□⑤　□⑥　□⑦　□⑧　□⑨(　　)
[5] □①　□②　□③　□④(　　)
[6] □①　□②　□③　□④(　　)
[7] □①　□②　□③　｜　[9] □①　□②　□③
[8] □①　□②　□③　｜　[10] □①　□②　□③
[11] □①　□②　□③　□④(　　)
[12] □①　□②　□③
[13] □①　□②　□③
[14] □①　□②　□③
[15] □①　□②　□③　□④　□⑤　□⑥　□⑦　□⑧(　　)
[16]
[17]
[18]

ご協力ありがとうございました。

「平方数」という数があるよ。49や121などが，平方数（四角数ともいう）だよ。どういう数かわかるかな？　7×7=49，11×11=121など，同じ数を2つかけてつくることのできる数のことだよ。

例題2　長方形のたての長さと面積

まわりの長さが20cmになるように，長方形や正方形をつくります。

① たての長さが1cm，2cm，…と変わるとき，横の長さと面積はどのように変わりますか。変わり方の関係を表にしましょう。

② ①の表で，面積がいちばん大きくなるのは，たてが何cmのときですか。

とき方　① たてと横の長さの和は，まわりの長さの半分で，［　　］cmです。

たてが1cmのとき，横は［　　］−1=9(cm)　　面積は1×9=9(cm^2)

たてが2cmのとき，横は［　　］−2=8(cm)　　面積は2×8=16(cm^2)

同じようにして，下の表をうめましょう。

たて (cm)	1	2	3	4	5	6	7	8	9
横 (cm)	9	8	7	［　］	［　］	［　］	3	2	1
面積(cm^2)	9	16	21	［　］	［　］	［　］	21	16	9

② いちばん大きくなるのは，たて［　　］cm，横［　　］cmの［　　］形のときで，面積は［　　］cm^2です。

4 上の 例題2 について，たての長さと面積の変わり方を，右の折れ線グラフに表しましょう。また，グラフから読み取れることについて，次の文の［　　］にあてはまるように，「ふえる」または「へる」と書き入れましょう。

たての長さが1cm以上5cm以下のとき，

たての長さがふえると面積は［　　］。

たての長さが5cm以上9cm以下のとき，

たての長さがふえると面積は［　　］。

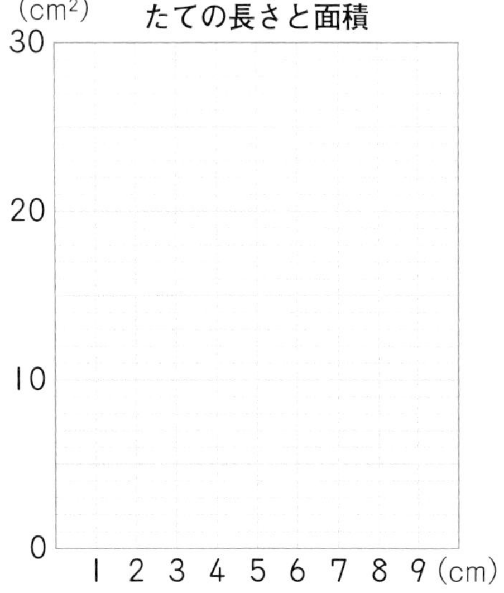

答え▶26ページ

19 大きな面積の単位，長方形のたての長さと面積

深めよう ハイレベル

面積の単位はいろいろあるけれど，それぞれ正方形の１辺の長さで覚えておくといいよ。

1 次の問いに答えましょう。

❶ たて250cm，横80cmの長方形のポスターがあります。このポスターの面積は何m^2ですか。

（　　　）

❷ たてが13kmで，面積が$234km^2$の長方形の形をした森があります。この森の横の長さは何kmですか。

（　　　）

2 次の□にあてはまる数を書きましょう。

❶ $3m^2$＝□cm^2

❷ $7km^2$＝□m^2

❸ $190000cm^2$＝□m^2

❹ $680000000m^2$＝□km^2

❺ $9500m^2$＝□a

❻ $4100000m^2$＝□ha

❼ 82ha＝□a

❽ 5600a＝□ha

3 まわりの長さが28cmになるように，長方形や正方形をつくります。

❶ たての長さが1cm，2cm，…と変わるとき，横の長さと面積はどのように変わりますか。変わり方の関係を表にしましょう。

たて（cm）	1	2	3	4	5	6	7	8	9	10	11	12	13
横　（cm）													
面積（cm^2）													

❷ ❶の表で，面積がいちばん大きくなるのは，たてが何cmのときですか。

（　　　）

❸ たてと横の長さのちがいが小さくなると，面積はどのように変わりますか。

（　　　）

✦✦✦ できたらスゴイ！

4 次の□にあてはまる数を書きましょう。

❶ $750000cm^2 - 38m^2 =$ □ m^2　　❷ $5ha + 23000m^2 =$ □ a

❸ $46km^2 + 4600000m^2 + 4600a =$ □ ha

5 右の図形の面積は$325m^2$です。□にあてはまる数を求めましょう。

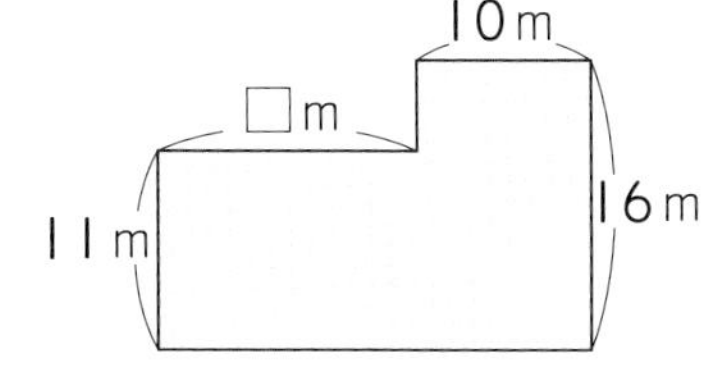

（　　　　　）

6 たて45m，横60mの長方形の土地があります。この土地を右の図のように，横の長さが30mの長方形㋐とそれ以外の部分㋑に分けて，㋑の面積が㋐の面積の5倍になるようにします。

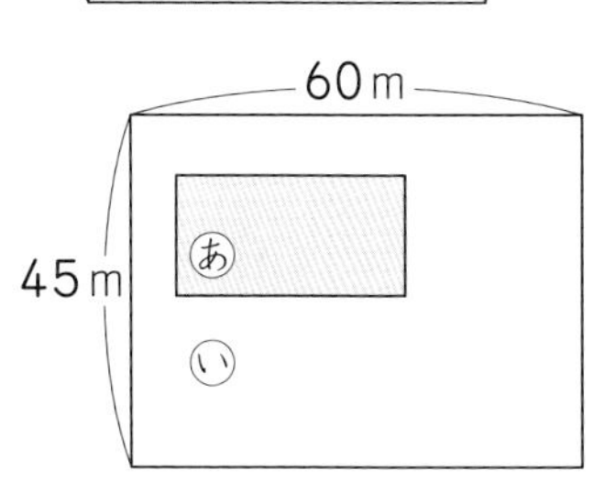

❶ ㋑の面積は何m^2になりますか。

（　　　　　）

❷ ㋐のたての長さは何mですか。

（　　　　　）

7 下の図のように，たての長さが2cmの長方形や正方形をつくります。下の表は，横の長さと面積の関係を表そうとしたものです。

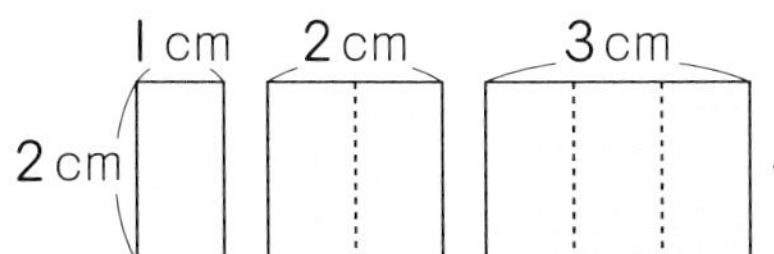

横　(cm)	1	2	3	4	5	6
面積(cm^2)	2	4				

❶ 表のあいているところをうめましょう。

❷ 次の文の□にあてはまる数を書き入れましょう。

横の長さが2倍になると面積は□倍になり，

横の長さが3倍になると面積は□倍になります。

! ヒント

7 ❷ たとえば，横の長さが2cmから4cmへ2倍になると，面積はどう変わるかな？

思考力育成問題

答え▶27ページ

予算内で買い物をするには何を買えばよいかを考える問題だよ。

買えるかどうかを考えよう！

ひかるさんは，1000円の予算でケーキを2こ買おうとケーキ屋に行きました。

ショーケースを見たひかるさんは，買いたいケーキとして，ロールケーキ，モンブラン，いちごショート，チーズケーキ，シュークリームの5種類を選びました。それぞれの1こあたりのねだんは次の表のとおりです。

種　類	ロールケーキ	モンブラン	いちごショート	チーズケーキ	シュークリーム
ねだん(円)	756	648	486	442	248

ひかるさんは，ちがう種類のケーキを1こずつ買うことにして，どの組み合わせなら代金が1000円以下になるだろうかと考えました。そして，それぞれのケーキのねだんを百の位までのがい数にして，代金を見積もることにしました。がい数は四捨五入ではなく，十の位を切り上げる方法で求めます。

❶ 代金を，切り上げたがい数で見積もるのはなぜでしょうか。理由をのべた次の文の□にあてはまるように，「高」または「安」と書き入れましょう。

理由　実さいの代金は，見積もった代金より□くなるので，見積もりが1000円以下なら，実さいの代金も予算内におさまるから。

❷ それぞれのケーキのねだんの十の位を切り上げて，百の位までのがい数にしたねだんを，下の表に書き入れましょう。

種　類	ロールケーキ	モンブラン	いちごショート	チーズケーキ	シュークリーム
ねだん(円)	756	648	486	442	248
がい数のねだん(円)					

次に，2つのケーキの組み合わせごとに，その代金を，がい数のねだんの和で求めていきます。下のような表で考えます。

種　類	ロールケーキ	モンブラン	いちごショート	チーズケーキ	シュークリーム	がい数のねだんの和(円)
ねだん(円)	756	648	486	442	248	
がい数のねだん(円)	800	700	500	500	300	
買うケーキ(○じるし)	○	○				
	○		○			
	○			○		
	○				○	
		○	○			
		○		○		
		○			○	
			○	○		
			○			

❸ 上の表にあと3つ○を書き入れて，2つのケーキの組み合わせをすべて表しましょう。

❹ 2つのケーキの組み合わせのそれぞれについて，がい数のねだんの和を計算して，上の表に書き入れましょう。

❺ ひかるさんは，どのケーキを買えばよいでしょうか。がい数を使って計算した結果，予算内におさまることがわかった2つのケーキの組み合わせを，すべて書きましょう。

(　　　　　　　　　　　　　　　　　　　　)

ヒント

❸ 2つのケーキの組み合わせだから，横に2つの○がならぶはずだね。また，どのケーキもほかの4つと組み合わせるから，たてに4つの○がならぶよ。

答え▶27ページ

20 分数の表し方と大きさ

いろいろな分数の表し方を勉強しよう。同じ分数も，ちがう形に表せることがあるよ。

標準レベル

例題1 分数の表し方

次のア～カの分数について，あとの問いに答えましょう。

ア $\frac{1}{2}$　イ $\frac{7}{3}$　ウ $1\frac{2}{3}$　エ $\frac{4}{4}$　オ $3\frac{1}{10}$　カ $\frac{11}{20}$

① 真分数(しんぶんすう)，仮分数(かぶんすう)，帯分数(たいぶんすう)に分けましょう。

② イとウで，大きいのはどちらですか。

とき方 ① 真分数は1より小さい分数で，分子＜分母だから，アと□です。
仮分数は1と等しいか，1より大きい分数で，分子＝分母 または分子＞分母だから，イと□です。
帯分数は整数と真分数の和の形で表される分数だから，ウと□です。

② このままではくらべられないので，次のどちらかで一方をなおします。

《仮分数イを帯分数になおす》 7÷3＝2あまり1より，$\frac{7}{3}$＝□$\frac{□}{3}$

帯分数は，整数部分が大きいほど大きいから，大きいのは□です。

《帯分数ウを仮分数になおす》 3×1＋2＝□より，$1\frac{2}{3}$＝$\frac{□}{3}$

分母が同じ分数は，分子が大きいほど大きいから，大きいのは□です。

1 次のア～カの分数を，真分数，仮分数，帯分数に分けましょう。

ア $3\frac{1}{2}$　イ $\frac{10}{9}$　ウ $\frac{7}{10}$　エ $4\frac{3}{8}$　オ $\frac{15}{16}$　カ $\frac{16}{15}$

真分数（　　）仮分数（　　）帯分数（　　）

2 右の図で，色をぬった部分の長さを，仮分数と帯分数の両方で表しましょう。

0　1　2(m)

仮分数（　　）帯分数（　　）

3 次の仮分数を，帯分数か整数になおしましょう。

❶ $\frac{9}{7}$　❷ $\frac{23}{4}$　❸ $\frac{42}{6}$

（　　）（　　）（　　）

「立方数(りっぽうすう)」という数もあるよ。8(＝2×2×2)，27(＝3×3×3)など，同じ数を3つかけてできる数だね。「立方メートル」の「立方」は，「同じ数を3つかける」という意味だね。

4 次の帯分数を，仮分数になおしましょう。

❶ $1\frac{4}{9}$　　❷ $4\frac{2}{3}$　　❸ $5\frac{3}{8}$

(　　　)　(　　　)　(　　　)

5 次の□にあてはまる不等号(ふとうごう)を書きましょう。

❶ $7\frac{2}{5}$ □ $6\frac{4}{5}$　　❷ $\frac{17}{4}$ □ $\frac{21}{4}$　　❸ $4\frac{3}{7}$ □ $\frac{30}{7}$

例題2 分母がちがう分数の大きさ

右のような数直線について，次の問いに答えましょう。

① $\frac{3}{6}$ と大きさが等しい分数を2つ書きましょう。

② 3つの分数 $\frac{2}{3}$，$\frac{2}{4}$，$\frac{2}{5}$ を，小さい順(じゅん)にならべましょう。

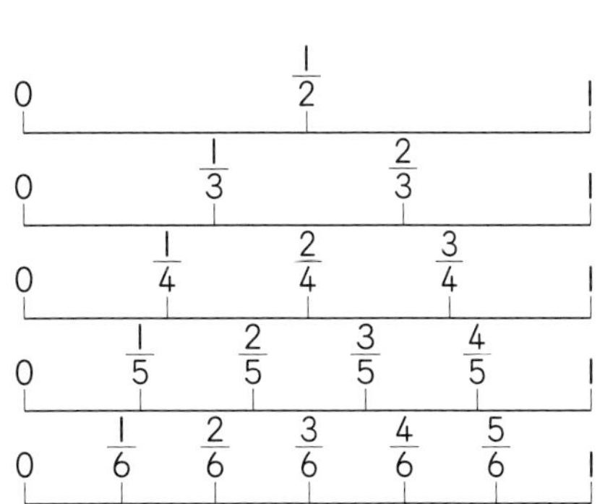

とき方 ① 数直線をたてに見て，$\frac{3}{6}$ と等しいのは□と□です。

② 3つとも分子が2です。分子が同じ分数は，分母が大きいほど□から，分母の□順に書いて，□，□，□です。

6 **例題2** の数直線について，次の問いに答えましょう。

❶ $\frac{1}{3}$ と大きさが等しい分数はどれですか。

(　　　)

❷ 3つの分数 $\frac{3}{4}$，$\frac{3}{5}$，$\frac{3}{6}$ を，小さい順にならべましょう。

(　　　)

答え▶28ページ

20 分数の表し方と大きさ

深めよう ハイレベル

分母が同じ分数や，分子が同じ分数は，大きさがくらべやすいね。

1 次の数直線で，㋐～㋒のめもりが表す数はいくつですか。それぞれ帯分数と仮分数で表しましょう。

㋐ 帯分数（　　　） 仮分数（　　　）

㋑ 帯分数（　　　） 仮分数（　　　）

㋒ 帯分数（　　　） 仮分数（　　　）

2 次の□にあてはまる数を書きましょう。

❶ $\frac{11}{2}$は，$\frac{1}{2}$を□こ集めた数です。

❷ $1\frac{5}{8}$は，$\frac{1}{8}$を□こ集めた数です。

❸ 3は，□を18こ集めた数です。

3 次の分数で，仮分数は帯分数か整数に，帯分数は仮分数になおしましょう。

❶ $\frac{20}{3}$（　　　）　❷ $1\frac{3}{10}$（　　　）　❸ $2\frac{4}{7}$（　　　）

❹ $\frac{40}{8}$（　　　）　❺ $4\frac{1}{6}$（　　　）　❻ $\frac{70}{9}$（　　　）

4 次の□にあてはまる等号や不等号を書きましょう。

❶ $1\frac{2}{5}$ □ $\frac{8}{5}$　❷ $\frac{19}{2}$ □ $9\frac{1}{2}$　❸ 9 □ $\frac{35}{4}$

❹ $\frac{5}{6}$ □ $\frac{5}{7}$　❺ $\frac{10}{9}$ □ $\frac{10}{3}$　❻ $\frac{1}{4}$ □ $\frac{2}{8}$

できたらスゴイ！

5 分子が11の真分数を，大きい順に3つ書きましょう。

（　　　　）

6 次の□にあてはまる2以上9以下の整数をすべて書きましょう。

❶ $\frac{1}{7} > \frac{1}{\square}$　❷ $\frac{3}{4} < \frac{3}{\square}$　❸ $\frac{4}{10} = \frac{2}{\square}$

（　　　　）（　　　　）（　　　　）

7 分母が2以上15以下の分数で，$\frac{1}{2}$と等しい分数は何こありますか。

（　　　　）

8 時計の長いはりは，60分で1周します。60分＝1時間だから，1分は$\frac{1}{60}$時間と考えることができます。したがって，5分は$\frac{5}{60}$時間と表すことができます。それでは，45分は何時間と表すことができるでしょうか。右の時計を参考にして，次の数を分母とする分数で表しましょう。

❶ 60　❷ 12　❸ 4

（　　　　）（　　　　）（　　　　）

9 次の数を，小さい順にならべましょう。

❶ 4，$\frac{27}{8}$，$\frac{27}{7}$　❷ $\frac{9}{2}$，$\frac{16}{5}$，$\frac{17}{6}$

（　　　　）（　　　　）

❸ $\frac{7}{9}$，$\frac{7}{8}$，$\frac{5}{9}$　❹ $\frac{4}{11}$，$\frac{2}{15}$，$\frac{3}{13}$

（　　　　）（　　　　）

ヒント

9 ❸ 分母が同じ分数どうし，分子が同じ分数どうしをくらべてみよう。
❹ 分母か分子が同じ分数をつくって，その分数とくらべてみよう。

答え▶29ページ

21 分数のたし算とひき算

標準レベル

分母が同じ分数のたし算とひき算を練習しよう。分母はそのままで分子だけ計算するよ。

例題1 分数のたし算とひき算

次の計算をしましょう。

① $\frac{2}{5}+\frac{4}{5}$　　② $\frac{9}{7}-\frac{5}{7}$

とき方 分母が同じ分数のたし算，ひき算では，分母はそのままにして分子だけたしたりひいたりします。

① 分母は5のままで，
分子は2+□=□
だから，$\frac{2}{5}+\frac{4}{5}=$□

② 分母は7のままで，
分子は9−□=□
だから，$\frac{9}{7}-\frac{5}{7}=$□

1 次の計算をしましょう。

❶ $\frac{5}{9}+\frac{5}{9}$　❷ $\frac{7}{6}+\frac{4}{6}$　❸ $\frac{2}{4}+\frac{5}{4}$

❹ $\frac{6}{5}+\frac{7}{5}$　❺ $\frac{18}{8}+\frac{9}{8}$　❻ $\frac{4}{3}+\frac{5}{3}$

2 次の計算をしましょう。

❶ $\frac{8}{6}-\frac{3}{6}$　❷ $\frac{3}{2}-\frac{1}{2}$　❸ $\frac{9}{4}-\frac{6}{4}$

❹ $\frac{17}{5}-\frac{13}{5}$　❺ $\frac{25}{9}-\frac{12}{9}$　❻ $\frac{20}{3}-\frac{5}{3}$

3 $\frac{8}{7}$mと$\frac{12}{7}$mの長さのテープがあります。あわせると，何mになりますか。

式

答え（　　　　）

本や紙の大きさのことを「判型」というよ。代表的なものは「A判」と「B判」だよ。「A判」でいちばんおおきな「A0判」は，面積が$1\,m^2$になるようにつくられた長方形だよ。

例題2 帯分数のたし算とひき算

次の計算をしましょう。

① $1\frac{3}{5}+2\frac{4}{5}$　　② $3\frac{4}{7}-1\frac{6}{7}$

とき方 次の2つの方法があります。《A》帯分数を整数部分と分数部分に分けて計算する。《B》帯分数を仮分数になおして計算する。

① 《A》$1\frac{3}{5}+2\frac{4}{5}=(1+2)+\left(\frac{3}{5}+\frac{4}{5}\right)=3+\frac{\square}{5}=3+1\frac{2}{5}=\square$

《B》$1\frac{3}{5}+2\frac{4}{5}=\frac{8}{5}+\frac{\square}{5}=\square$

☑ちゅうい
答えは，帯分数と仮分数のどちらでもかまいません。

② 《A》$3\frac{4}{7}-1\frac{6}{7}=2\frac{11}{7}-1\frac{6}{7}=(2-1)+\left(\frac{11}{7}-\frac{6}{7}\right)=1+\frac{\square}{7}=\square$

分数部分が4－6でひけないので，ひかれる数の整数部分から1くり下げる。

《B》$3\frac{4}{7}-1\frac{6}{7}=\frac{25}{7}-\frac{\square}{7}=\square$

4 次の計算をしましょう。

❶ $3\frac{2}{4}+2\frac{1}{4}$　❷ $1\frac{2}{3}+\frac{2}{3}$　❸ $4+1\frac{3}{8}$

❹ $3\frac{5}{7}+1\frac{5}{7}$　❺ $3\frac{5}{9}+1\frac{8}{9}$　❻ $2\frac{5}{6}+3\frac{1}{6}$

5 次の計算をしましょう。

❶ $3\frac{6}{5}-2\frac{3}{5}$　❷ $2\frac{4}{6}-\frac{3}{6}$　❸ $4\frac{3}{7}-1$

❹ $5\frac{1}{9}-3\frac{8}{9}$　❺ $6\frac{2}{8}-3\frac{7}{8}$　❻ $3-\frac{1}{4}$

答え▶29ページ

21 分数のたし算とひき算

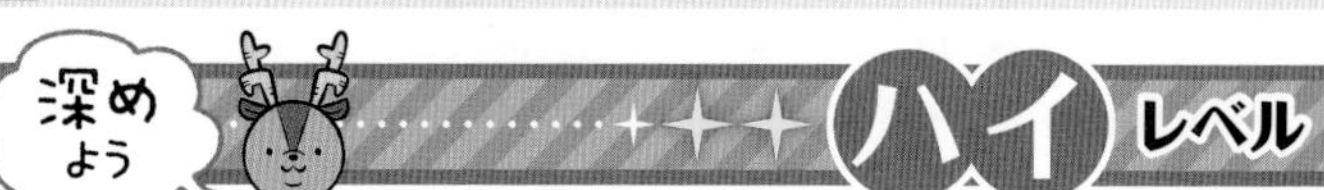

帯分数(たいぶんすう)のたし算，ひき算は，2通りの計算がどちらもできるようになろう。

1 次の計算をしましょう。

❶ $\frac{7}{3}+\frac{13}{3}$　❷ $\frac{11}{10}+\frac{12}{10}$　❸ $\frac{1}{2}+\frac{17}{2}$

❹ $\frac{14}{8}-\frac{5}{8}$　❺ $\frac{31}{15}-\frac{16}{15}$　❻ $\frac{100}{21}-\frac{37}{21}$

2 次の計算をしましょう。

❶ $1\frac{2}{4}+2\frac{3}{4}$　❷ $4\frac{4}{5}+3\frac{1}{5}$　❸ $2\frac{9}{11}+2\frac{8}{11}$

❹ $5\frac{1}{8}+4\frac{7}{8}$　❺ $1\frac{2}{4}-\frac{3}{4}$　❻ $7\frac{2}{3}-1\frac{2}{3}$

❼ $4\frac{2}{11}-2\frac{6}{11}$　❽ $9\frac{5}{7}-8\frac{6}{7}$　❾ $4-2\frac{3}{5}$

3 りくさんのある1日の行動は，ねていた時間が$8\frac{1}{5}$時間，ゲームをした時間が$\frac{3}{5}$時間でした。

❶ ねていた時間とゲームをした時間は，あわせて何時間ですか。

式

答え（　　　　）

❷ ねていた時間とゲームをした時間の差(さ)は，何時間ですか。

式

答え（　　　　）

❸ りくさんが起きていた時間は，何時間ですか。

式

答え（　　　　）

できたらスゴイ！

4 次の計算をしましょう。

❶ $\frac{2}{6}+\frac{5}{6}+2\frac{4}{6}$　　❷ $1\frac{3}{4}+2\frac{3}{4}+3\frac{3}{4}$

❸ $\frac{8}{12}+1\frac{6}{12}-1\frac{9}{12}$　　❹ $7\frac{1}{9}-2\frac{5}{9}-3\frac{7}{9}$

5 次の□にあてはまる数を書きましょう。

❶ $\square+2\frac{2}{8}=3\frac{7}{8}$　　❷ $\square-2\frac{4}{7}=8\frac{3}{7}$

❸ $1\frac{2}{3}+\square=7\frac{1}{3}$　　❹ $6\frac{1}{5}-\square=2\frac{3}{5}$

6 2Lのウーロン茶があります。これを，きのうは$\frac{4}{8}$L飲み，きょうは$\frac{9}{8}$L飲みました。あと何L残っていますか。

式

答え（　　　）

7 ある数から$1\frac{4}{9}$をひくところをまちがえて$1\frac{4}{9}$をたしてしまったので，$3\frac{6}{9}$になりました。正しい答えはいくつですか。

式

答え（　　　）

8 次の式の□には同じ数が入ります。この□にあてはまる数はいくつですか。

$$\frac{1}{\square}+\frac{2}{\square}+\frac{3}{\square}+\frac{4}{\square}=2$$

（　　　）

ヒント

7 まず，もとのある数を求めてから，正しい計算の答えを求めよう。

8 分母が□の分数のたし算と考えて，その和を求めてみよう。

「答えと考え方」を読んでおさらいしよう！

答え▶30ページ

22 小数のかけ算

小数×整数について学習するよ。整数×整数の計算をもとにして考えよう。

たしかめよう 標準レベル

例題1 小数×整数の考え方

次の計算をしましょう。

① 0.8×9　　② 0.21×4

とき方 整数×整数の計算をもとにして考えます。

① 0.8を10倍して計算すると，
8×9=□
積が10倍になっているので，
□でわって答えを求めます。
0.8×9=□
↓×10　↓×10　÷10
8×9=72

② 0.21を100倍して計算すると，
21×4=□
積が100倍になっているので，
□でわって答えを求めます。
0.21×4=□
↓×100　↓×100　÷100
21×4=84

1 次の計算をしましょう。

❶ 0.3×2　❷ 0.4×7　❸ 0.4×5

❹ 0.02×4　❺ 0.09×9　❻ 0.12×3

例題2 小数×1けたの整数

次の計算を筆算でしましょう。

① 4.3×6　　② 1.72×5

とき方 筆算は，小数点を考えず，右にそろえて書きます。整数のかけ算と同じように計算し，かけられる数の小数点にそろえて，積の小数点をうちます。

①
```
   4.3
×    6
──────
 □□.□
```
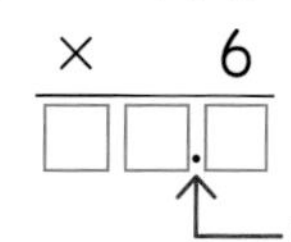

かけられる数にそろえて，積の小数点をうつ。

②
```
  1.7 2
×     5
────────
  □.□ 0
```
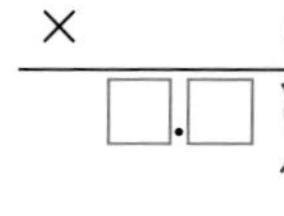

小数点より下の位では，右はしの0は消す。

A判では，A0判の半分のサイズがA1判，A1判の半分のサイズがA2判，…と，半分になっていくよ。B判も，B0判を半分にしたらB1判，B1判を半分にしたらB2判，…と，同じように半分にするんだよ。

2 次の計算を筆算でしましょう。

❶ 2.9×4　❷ 6.5×8　❸ 13.7×7

❹ 4.18×9　❺ 0.24×3　❻ 9.36×5

例題3 小数×2けたの整数

次の計算を筆算でしましょう。

① 1.9×52　② 2.48×37

とき方 かける数が2けたになっても，1けたのときと筆算のしかたは同じです。

①
```
    1.9
 ×  5 2
 ------
   □□
 □□
 ------
 □□□
```

②
```
   2.4 8
 ×   3 7
 --------
 □□□□
 □□□
 --------
 □□□□
```

3 次の計算を筆算でしましょう。

❶ 7.8×36　❷ 9.4×40　❸ 32.1×15

❹ 0.38×46　❺ 6.13×27　❻ 5.04×75

4 1.8Lのジュースが入っているペットボトルがあります。このペットボトル12本分のジュースのかさは何Lになりますか。

式

答え（　　　　　）

答え▶31ページ

22 小数のかけ算

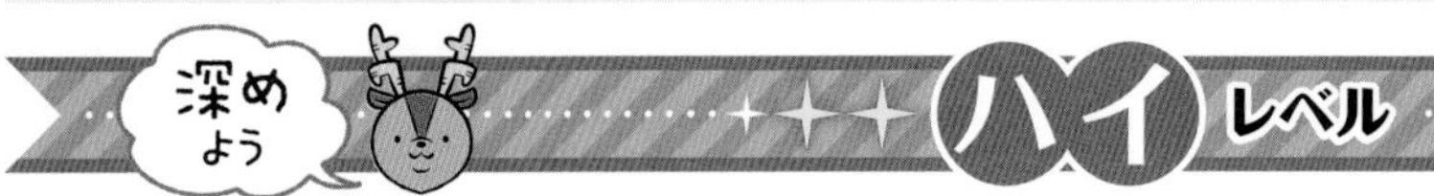

小数×整数の筆算は，位(くらい)をそろえるのではなく，右にそろえて書くのがポイントだよ。

1 次の計算をしましょう。

❶ 0.08×7　❷ 0.33×3　❸ 7.9×9

❹ 17.5×4　❺ 2.34×6　❻ 8.02×5

❼ 9.5×60　❽ 68.3×38　❾ 96.4×25

❿ 0.43×14　⓫ 9.42×30　⓬ 6.25×48

2 次の計算をしましょう。

❶ 0.2＋31.6×5　❷ (4.12－1.8)×13

3 生まれたときの体重が1.9kgだったライオンがいます。いまの体重は，生まれたときの6倍です。いまの体重は何kgですか。

式

答え（　　　　）

4 1周(しゅう)0.45kmのランニングコースがあります。このコースを18周走ると，合計で何km走ることになりますか。

式

答え（　　　　）

★★★ できたらスゴイ！

5 次の計算をしましょう。

❶ 5.943×7　　❷ 2.875×16

❸ 9.64×604　　❹ 0.384×725

6 次の□にあてはまる数字を書きましょう。

❶
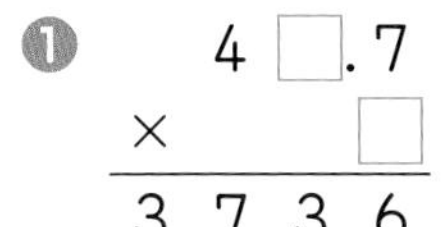

❷ □.3□ × 9 = □.□5

7 右のかけ算の積(せき)が整数になるのは，□がどんな数字のときですか。あてはまるものをすべて答えましょう。

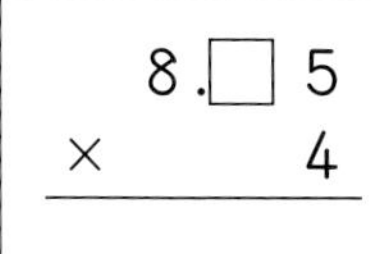

(　　　　)

8 1Lのジュースを1人に0.14Lずつ6人に分けます。何L残(のこ)りますか。

式

答え（　　　　）

9 細いロープと太いロープがあります。細いロープ1mの重さは0.18kgです。太いロープ1mの重さは，細いロープ1mの3本分の重さです。

❶ 太いロープ1mの重さは何kgですか。

式

答え（　　　　）

❷ 細いロープ9mと太いロープ12mを2.35kgの道具箱に入れました。全体の重さは何kgになりますか。

式

答え（　　　　）

！ヒント

9 ❷ (全体の重さ)＝(細いロープの重さ)＋(太いロープの重さ)＋(道具箱の重さ)だね。

答え▶31ページ

23 小数のわり算

かけ算の次はわり算を学習しよう。商の小数点をうつ場所に気をつけよう。

標準レベル

例題1 小数÷整数の考え方

次の計算をしましょう。

① 2.1÷3　　② 0.45÷9

とき方 整数÷整数の計算をもとにして考えます。

① 2.1を10倍して計算すると，
21÷3＝□
商が10倍になっているので，
□でわって答えを求めます。
2.1÷3＝□
↓×10　↓×10　÷10
21÷3＝7

② 0.45を100倍して計算すると，
45÷9＝□
商が100倍になっているので，
□でわって答えを求めます。
0.45÷9＝□
↓×100　↓×100　÷100
45÷9＝5

1 次の計算をしましょう。

❶ 0.8÷2　　❷ 6.3÷7　　❸ 8.4÷4

❹ 0.09÷3　　❺ 0.56÷8　　❻ 0.46÷2

例題2 小数÷1けたの整数

次の計算を筆算でしましょう。

① 7.2÷4　　② 3.42÷6

とき方 小数÷整数の筆算では，整数のわり算と同じように計算し，わられる数の小数点にそろえて，商の小数点をうちます。

①
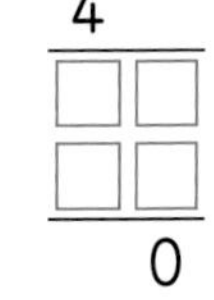

わられる数にそろえて，商の小数点をうつ。

②
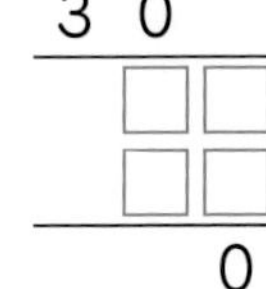

一の位に商がたたないときは，0.と書く。

この本は，「B5判（ビーはん）」の大きさだよ。横の長さがおよそ182mm，たての長さがおよそ257mmになっているよ。B判（ばん）は日本ではよく使うけれど，世界ではあまり使われていないんだって！

2 次の計算を筆算でしましょう。

❶ 8.7÷3　　❷ 98.4÷8　　❸ 36.5÷5

❹ 7.91÷7　　❺ 5.58÷9　　❻ 0.352÷4

例題3 小数÷2けたの整数

次の計算を筆算でしましょう。

① 87.4÷23　　② 9.18÷34

とき方 わる数が2けたになっても，1けたのときと筆算のしかたは同じです。

①

2 3)8 7.4

0

②

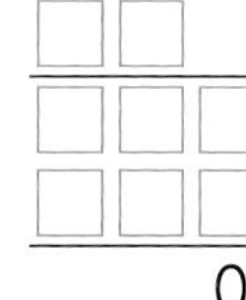

3 4)9.1 8

0

3 次の計算を筆算でしましょう。

❶ 90.3÷21　　❷ 62.4÷39　　❸ 36.8÷46

❹ 4.59÷17　　❺ 0.84÷14　　❻ 0.249÷83

4 25.5Lの水を，等分して15本のびんに入れます。びん1本の水のかさは何Lになりますか。

式

答え（　　　　）

答え▶32ページ

23 小数のわり算

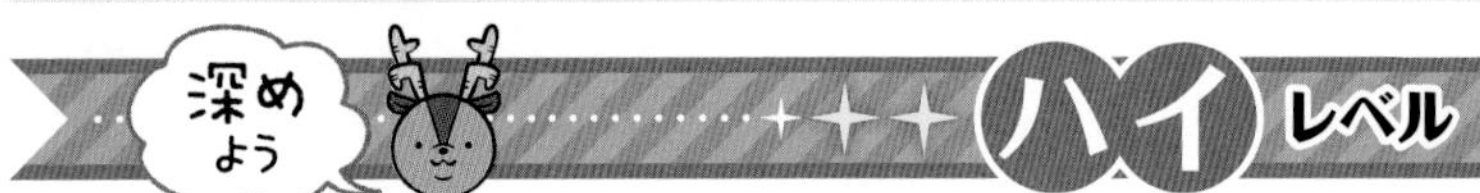

一の位(くらい)に商をたてたら，小数点も書こう。商がたたないときは，0.と書こう。

1 次の計算をしましょう。

❶ 2.6÷2　❷ 0.72÷9　❸ 82.8÷4

❹ 51.8÷7　❺ 6.12÷6　❻ 4.55÷5

❼ 0.504÷8　❽ 34.2÷18　❾ 16.1÷23

❿ 8.84÷26　⓫ 4.86÷54　⓬ 0.234÷39

2 次の□にあてはまる数はいくつですか。

❶ □×3=16.2　❷ 19.6÷□=7

(　　　)　(　　　)

3 ヒツジの体重をはかったら27.2kgでした。この体重は，生まれたときの8倍です。生まれたときの体重は何kgですか。

式

答え(　　　)

4 長さが25mの電線があり，重さは6.75kgです。この電線1mの重さは何kgですか。

式

答え(　　　)

できたらスゴイ！

5 次の計算をしましょう。

❶ 92.48÷289　　❷ 37.25÷745

❸ 6.396÷156　　❹ 0.938÷134

6 次の□にあてはまる数字を書きましょう。

❶
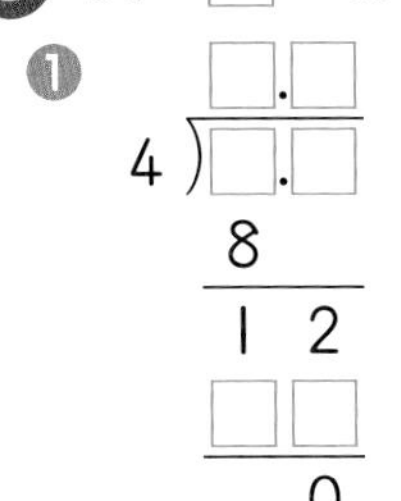

❷
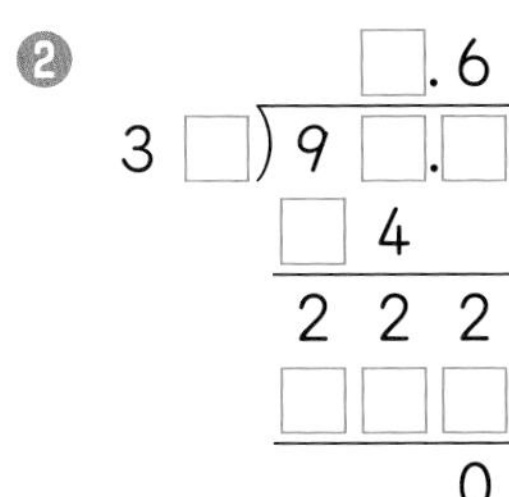

7 次の**ア**～**エ**のわり算で，商が1より小さくなるものはどれですか。すべて選(えら)び，記号で答えましょう。

ア 2.7÷3　　**イ** 6.5÷5　　**ウ** 5.6÷7　　**エ** 7.2÷8

（　　　　）

8 重さが0.08kgの箱に，同じボールを12こ入れて全体の重さをはかったら2kgでした。ボール1この重さは何kgですか。

式

答え（　　　　）

9 2つの小数の和が11.2で差(さ)が3.4のとき，この2つの小数を求(もと)めましょう。

（　　　　）

ヒント

❼ わられる数とわる数の大きさに注目しよう。

❾ 2つの小数のうち，大きいほうを□，小さいほうを○として，和の関係(かんけい)と差の関係を式に表してみよう。そうすると，11.2と3.4の和は何を表すことになるかな？

答え▶33ページ

24 いろいろな小数のわり算，小数の倍

小数のわり算では，商をどのように答えるのか，問題文をしっかり読み取ろう。

例題1 小数のわり算のあまり

52.9÷3の筆算をして，商は一の位まで求め，あまりも出しましょう。けん算もしましょう。

とき方 あまりはわる数より小さくなることに注意しましょう。

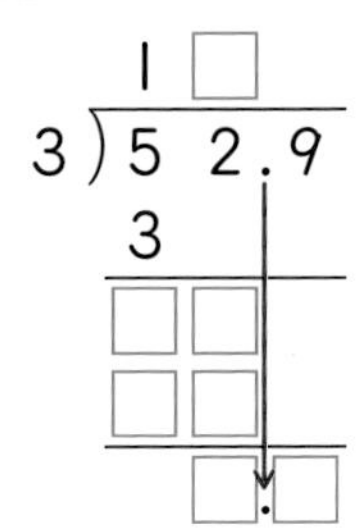

たいせつ
あまりの小数点は，わられる数の小数点にそろえてうちます。

52.9÷3＝□ あまり □

けん算 3×□＋□＝□

1 次の計算で，商は一の位まで求め，あまりも出しましょう。けん算もしましょう。

❶ 25.3÷4　　❷ 46.3÷12

けん算（　　　　）　　けん算（　　　　）

例題2 わり進む筆算

次の計算を，①はわりきれるまでしましょう。②は商を四捨五入して，上から2けたのがい数で表しましょう。

① 9.8÷4　　② 36.7÷7

とき方 0をつけたして，あまりを出さずに計算を続けることができます。

①

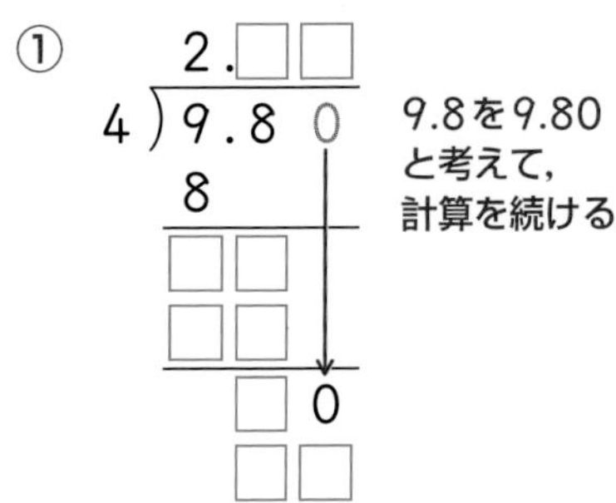

9.8を9.80と考えて，計算を続ける。

②

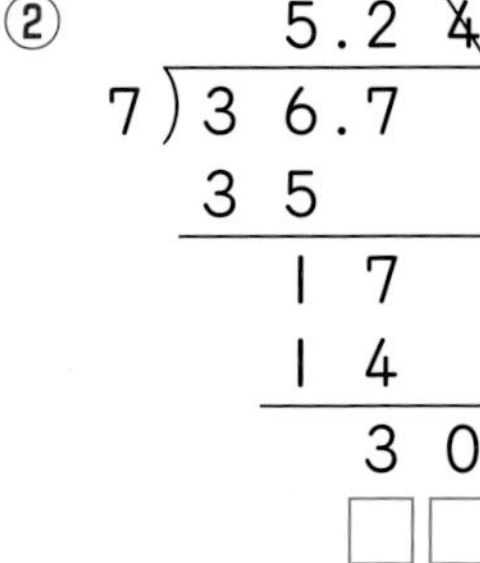

36.7を36.70と考えて，計算を続ける。

商の上から□けためを四捨五入して，上から2けたのがい数で表すと，□

「外国為替（かわせ）」ということばを聞いたことがあるかな？　世界ではいろいろなお金が使われているけれど，それを別の国のお金で交換（こうかん）することだよ。交換できる価値（かち）がつねに変わっているんだ。

2 次の計算を，わりきれるまでしましょう。

❶ 2.8÷8　❷ 31÷5　❸ 17.4÷12

3 次の計算で，商を四捨五入して，上から1けたのがい数で表しましょう。

❶ 50÷6　❷ 375÷80　❸ 39.6÷27

（　　）　（　　）　（　　）

例題3 小数の倍

白のテープの長さは20cm，赤のテープの長さは50cmです。

① 赤のテープの長さは，白のテープの長さの何倍ですか。

② 白のテープの長さは，赤のテープの長さの何倍ですか。

とき方 倍を表す数は，もとにする大きさを1とみたとき，くらべられる大きさがいくつにあたるかを表し，小数になる場合もあります。

① 白の長さ20cmを1とみたとき，

赤の長さ50cmは，

答え □倍

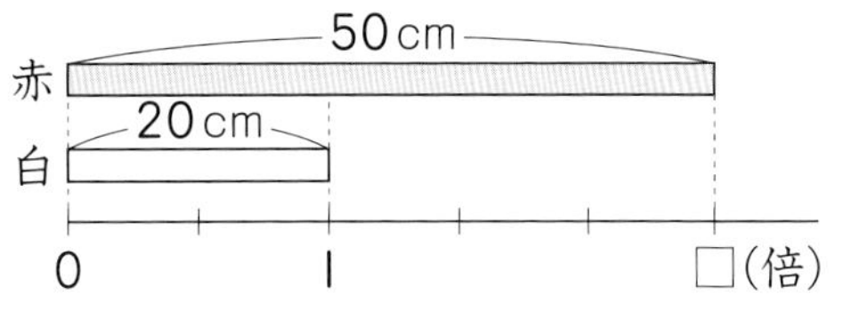

② 赤の長さ50cmを1とみたとき，

白の長さ20cmは，

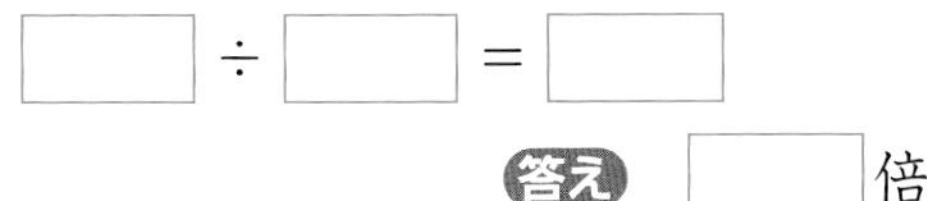

答え □倍

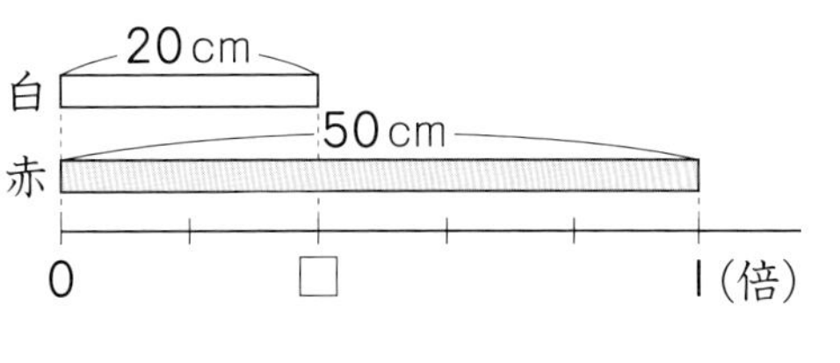

4 ガムのねだんは120円，チョコレートのねだんは180円です。チョコレートのねだんはガムのねだんの何倍ですか。

式

答え（　　）

答え▶34ページ

24 いろいろな小数のわり算，小数の倍

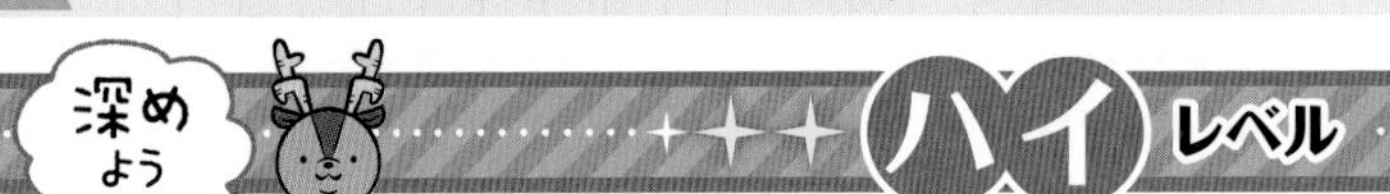

あまりを出す，わりきれるまで計算する，がい数で答えるなど，答え方に注意しよう。

1 次の計算で，商は一の位まで求め，あまりも出しましょう。

❶ 84.6÷6　❷ 75.1÷8　❸ 97.3÷17

2 次の計算を，わりきれるまでしましょう。

❶ 39÷4　❷ 40.8÷25　❸ 1.7÷68

❹ 3÷8　❺ 50÷16　❻ 42÷48

3 次の計算で，商を四捨五入して，$\frac{1}{10}$の位までのがい数で表しましょう。また，上から2けたのがい数で表しましょう。

❶ 215÷70　❷ 34.4÷53

❶ $\frac{1}{10}$の位まで（　　　）
上から2けた（　　　）

❷ $\frac{1}{10}$の位まで（　　　）
上から2けた（　　　）

4 32.5mのテープがあります。このテープから，7mのテープは何本とれて，何mあまりますか。

式

答え（　　　）

5 4.5kgのさとうがあります。これを，あまりの出ないように6この入れ物に等分するとき，入れ物1こ分のさとうの重さは何kgになりますか。

式

答え（　　　）

6 ある飲食店で使っているサラダ油は，18Lで16.5kgの重さがあります。このサラダ油1Lの重さはおよそ何kgですか。答えは四捨五入して，$\frac{1}{10}$の位までのがい数で求めましょう。

式

答え（　　　）

7 しょうたさんの身長は136cmで，お父さんの身長は170cmです。

❶ お父さんの身長は，しょうたさんの身長の何倍ですか。

式

答え（　　　）

❷ しょうたさんの身長は，お父さんの身長の何倍ですか。

式

答え（　　　）

できたらスゴイ！

8 右のわり算が，$\frac{1}{10}$の位でわりきれるのは，□がどんな数字のときですか。あてはまるものをすべて答えましょう。

3）47.□

（　　　）

9 ある自動車は，1Lのガソリンで15km走ることができます。この自動車で，A町と27kmはなれたB町との間をおうふくするとき，使うガソリンの量（りょう）は何Lですか。

式

答え（　　　）

10 ある数を10倍するところをまちがえて100倍したため，正しい答えより37.8大きくなりました。もとのある数はいくつですか。

式

答え（　　　）

！ヒント

⑩ 正しい答えより大きくなった分は，もとのある数の何倍にあたるかな？

思考力育成問題

答え▶35ページ

2つのことがらの同じところに注目して考える問題だよ。

図を使って，同じところに注目して考えよう！

次の会話文を読んで，あとの問題に答えましょう。

：きのう，家族でとなり町の遊園地に行ったんだ。入園料の合計は，子ども2人とおとな3人で，8100円だったよ。

：うちは子ども2人とおとな1人で3900円かかったって言ってた。

：いまの2人の話から，子ども1人の入園料とおとな1人の入園料をそれぞれ求めることができます。まず，入園料の関係を下のような図に表してみましょう。ⓒは子ども料金，ⓞはおとな料金を表しています。

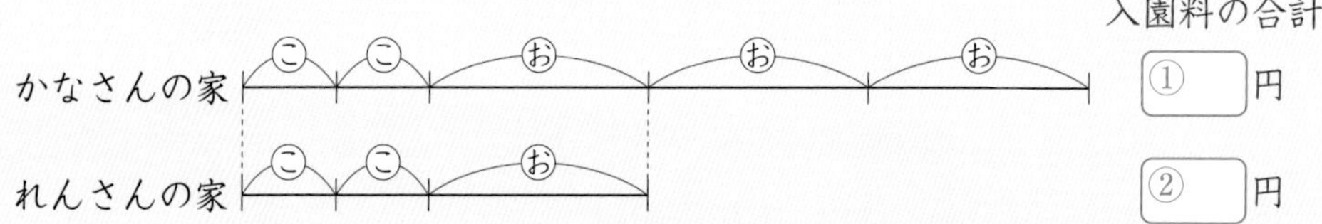

：どちらも子どもは2人ですね。

：よいところに気がつきましたね。さらにいうと，下の図の□の部分が同じであることがわかります。

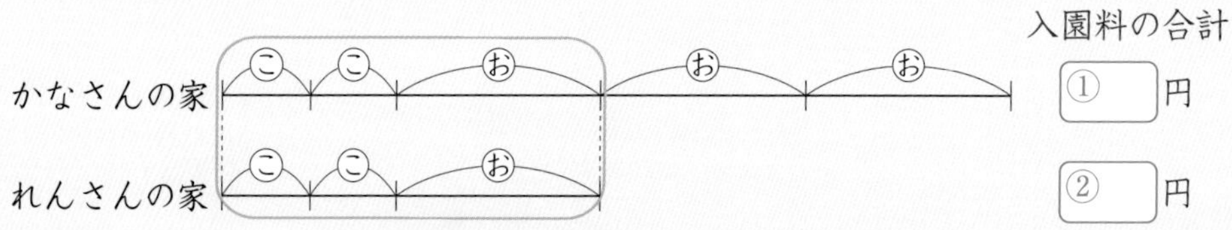

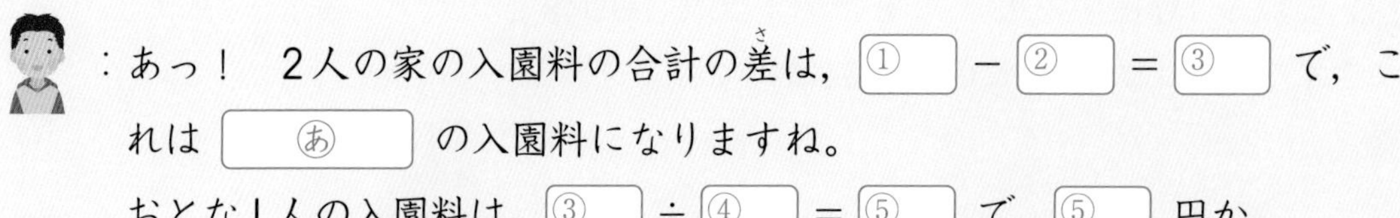

：あっ！　2人の家の入園料の合計の差は，［①］－［②］＝［③］で，これは［あ］の入園料になりますね。

おとな1人の入園料は，［③］÷［④］＝［⑤］で，［⑤］円か。

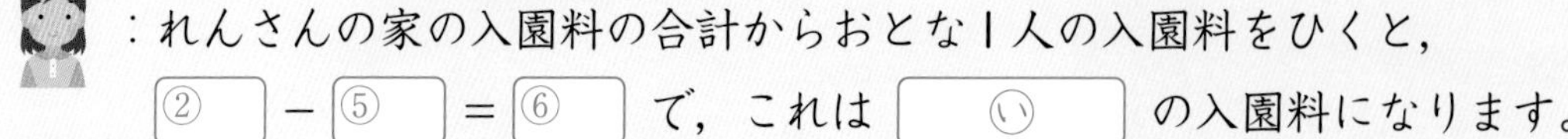

：れんさんの家の入園料の合計からおとな1人の入園料をひくと，

［②］－［⑤］＝［⑥］で，これは［い］の入園料になります。

：子ども1人の入園料は，⑥ ÷ ⑦ ＝ ⑧ で，⑧ 円ですね。

：正かいです。㋒ほかの問題も，同じところに注目してといてみましょう。

❶ ①，②，③にあてはまる数，㋐にあてはまることばを書きましょう。

①（　　）②（　　）③（　　）㋐（　　）

❷ ④，⑤にあてはまる数はそれぞれいくつですか。

④（　　）⑤（　　）

❸ ⑥にあてはまる数，㋑にあてはまることばを書きましょう。

⑥（　　）㋑（　　）

❹ ⑦，⑧にあてはまる数はそれぞれいくつですか。

⑦（　　）⑧（　　）

❺ 下線部㋒について，下の問題を，同じところに注目してときました。⑨～⑭にあてはまる数はそれぞれいくつですか。

問題　けんさんがノート1さつとえん筆5本を買ったら，代金は410円でした。
まみさんがノート1さつとえん筆3本を買ったら，代金は290円でした。
ノート1さつとえん筆1本のねだんはそれぞれいくらですか。

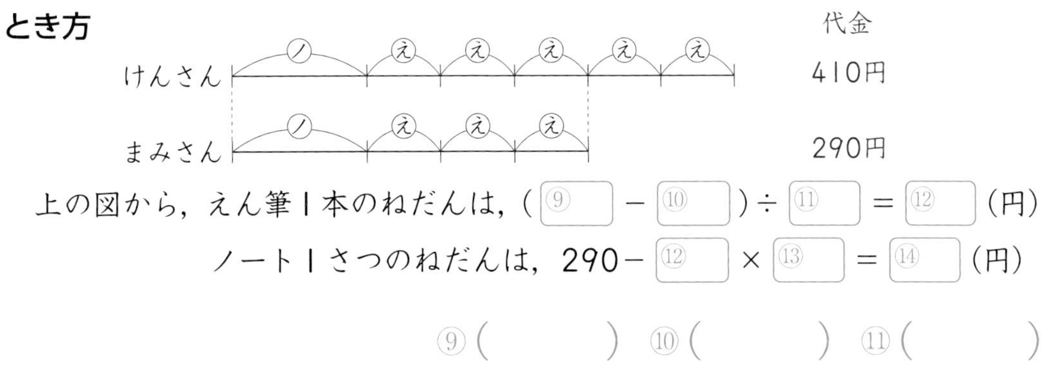

上の図から，えん筆1本のねだんは，（⑨ － ⑩）÷ ⑪ ＝ ⑫（円）

ノート1さつのねだんは，290－ ⑫ × ⑬ ＝ ⑭（円）

⑨（　　）⑩（　　）⑪（　　）

⑫（　　）⑬（　　）⑭（　　）

ヒント

❺ けんさんもまみさんも，ノート1さつとえん筆3本を買っているね。

答え▶35ページ

25 変わり方

2つの量の関係を，表や式，グラフにして，変わり方の特ちょうを考えよう。

標準レベル

例題1 変わり方の表と式

20このおはじきを，姉と妹で分けます。右の表は，2人のおはじきの数についてまとめたものです。

姉(こ)	1	2	3	4	5	6
妹(こ)	19	18	17	あ	い	う

① 表のあ，い，うにあてはまる数を求めましょう。

② 姉の数を□こ，妹の数を○ことして，□と○の関係を式に表しましょう。

③ 姉の数が11このとき，妹の数は何こになりますか。

とき方 ① 姉の数が1こずつふえていくと，妹の数は1こずつ［　］いくので，あは［　］，いは［　］，うは［　］です。

② 20このおはじきを分けるから，姉と妹の数の和は［　］こです。表をたてに見ると，和が一定になっているから，式は，

姉(こ)	1	2	3	4	5	6
妹(こ)	19	18	17	あ	い	う

□＋○＝［　］

③ ②の式の□に11をあてはめます。11＋○＝［　］

○＝［　］－11

○＝［　］

1 えりさんは，好きなキャラクターのシールを32まいもらいました。これをシール帳にはっていきます。

❶ はったシールの数と残りのシールの数を，右の表にまとめましょう。

はった数(まい)	1	2	3	4	5
残りの数(まい)	31				

❷ はったシールの数を□まい，残りのシールの数を○まいとして，□と○の関係を式に表しましょう。

（　　　　　）

❸ はったシールの数が9まいのとき，残りのシールの数は何まいですか。

（　　　　　）

商品としての価値がないことを「一銭にもならない」というよ。1銭とは，1円の100分の1のお金のことで，ふだんの生活では，いまはほとんど使われていないよ。

例題2 変わり方のグラフ

水が入っている水そうに，水をたしていきます。右の表は，たした時間と全体の水のかさをまとめたものです。

時間　（分）	1	2	3	4	5
水のかさ(L)	3	5	7	9	11

① 表の関係を，折れ線グラフに表しましょう。

② たした時間が6分のとき，水のかさは何Lになると思われますか。

③ はじめに入っていた水のかさは何Lと思われますか。

とき方 ① 表の点をとり，直線でつないでいきます。右の図に続きをかきましょう。

② ①の折れ線グラフは一直線になります。直線をそのまま右上にのばしていって，6分のところを読み取ると，［　　］Lです。

③ 折れ線グラフの直線を左下にのばしていって，0分のたての線とぶつかるところを読み取ると，［　　］Lです。

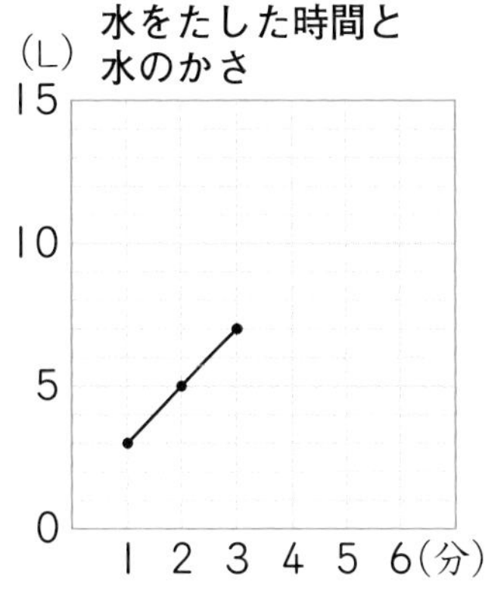

2 からの水そうに，水を入れていきます。右の表は，入れた時間と水そう全体の重さをまとめたものです。

時間　（分）	1	2	3	4
全体の重さ(kg)	5	8	11	14

❶ 表の関係を，折れ線グラフに表しましょう。

水を入れた時間と全体の重さ
(kg)
20
15
10
5
0
1 2 3 4 5 6(分)

❷ 入れた時間が6分のとき，全体の重さは何kgになると思われますか。

（　　　　）

❸ からの水そうの重さは何kgと思われますか。

（　　　　）

答え▶35ページ

25 変わり方

表や式，グラフを使うと，2つの量の関係がわかりやすくなるね。

深めよう ハイレベル

1 りくさんには，たんじょう日が同じで，りくさんより4才年下のいとこがいます。

❶ りくさんといとこの年れいの変わり方を，下の表にまとめましょう。

りくさんの年れい(才)	4	5	6	7	8	9	10
いとこの年れい　(才)	0	1					

❷ りくさんの年れいを□才，いとこの年れいを○才として，□と○の関係を式に表しましょう。

(　　　　　　)

2 1辺が2cmの正三角形があります。これを，右の図のように1だん，2だん，…と重ねていき，できる大きな正三角形のまわりの長さについて考えます。

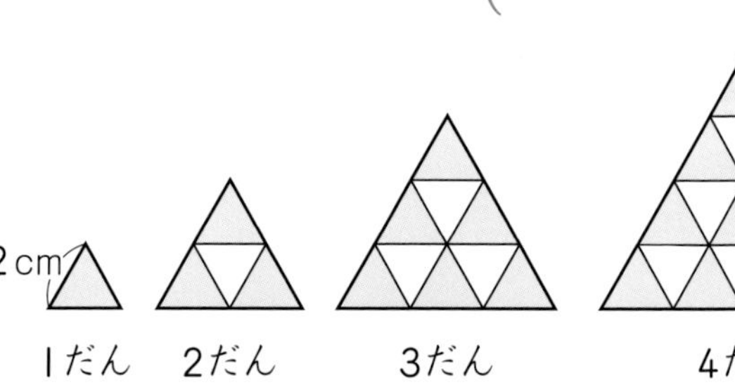

❶ だんの数とまわりの長さを，下の表にまとめましょう。

だんの数　(だん)	1	2	3	4	5	6	7
まわりの長さ(cm)	6	12					

❷ だんの数が1ずつふえると，まわりの長さはどのように変わりますか。

(　　　　　　)

❸ だんの数を□だん，まわりの長さを○cmとして，□と○の関係を式に表しましょう。

(　　　　　　)

❹ だんの数が35だんのとき，まわりの長さは何cmですか。

(　　　　　　)

3 水が入っている水そうのせんをはずして，水をぬいていきます。右の表は，せんをはずしてからの時間と残(のこ)りの水のかさをまとめたものです。

時間　　(分)	0	1	2	3
残りのかさ(L)	14	12	10	8

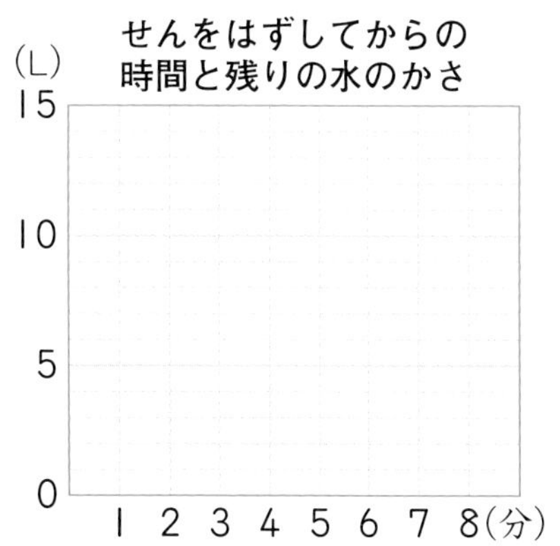

❶ 表の関係を，折(お)れ線(せん)グラフに表しましょう。

❷ 水そうの水がなくなるのは，せんをはずしてから何分後と思われますか。

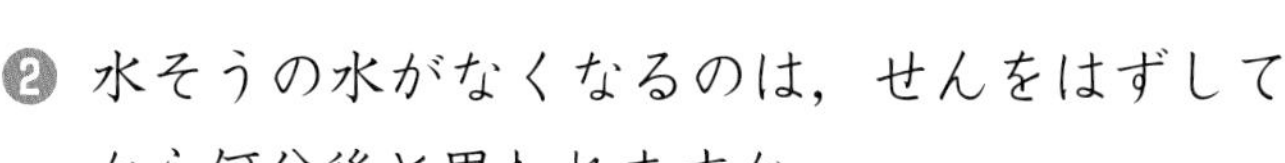

(　　　　)

★★★ できたらスゴイ！

4 下の図のように，1辺が1cmの正三角形の横に，1辺が1cmの正方形を1こ，2こ，…とならべて，えん筆の形をつくっていきます。

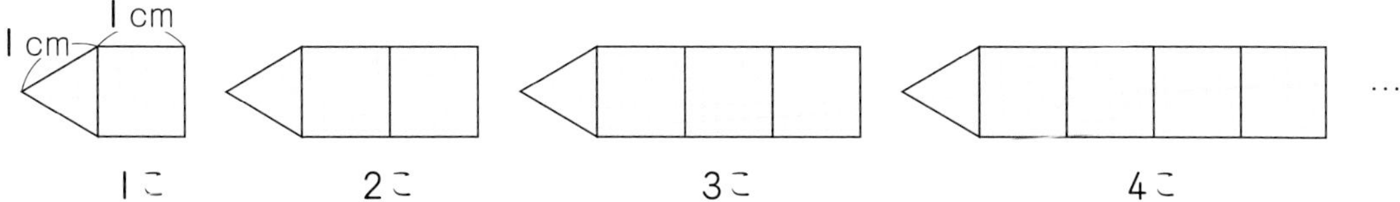

❶ 正方形の数と，えん筆の形のまわりの長さを，下の表にまとめましょう。

正方形の数　(こ)	1	2	3	4	5	6	7
まわりの長さ(cm)	5	7					

❷ 正方形の数を□こ，まわりの長さを○cmとして，□と○の関係を式に表しましょう。

(　　　　　　　　)

❸ 正方形の数が25このとき，まわりの長さは何cmですか。

(　　　　)

❹ まわりの長さが75cmのとき，正方形の数は何こですか。

(　　　　)

！ヒント

4 ❷ 正方形が0このときのまわりの長さや，正方形が1こふえるとまわりの長さがどれだけふえるかを考えよう。

答え▶36ページ

26 直方体と立方体

直方体や立方体は，身のまわりによくある箱の形だよ。この2つについて勉強しよう。

標準レベル

例題1 直方体と立方体

右の図のような立体があり，㋐は直方体，㋑は立方体です。それぞれについて，次の数はいくつですか。

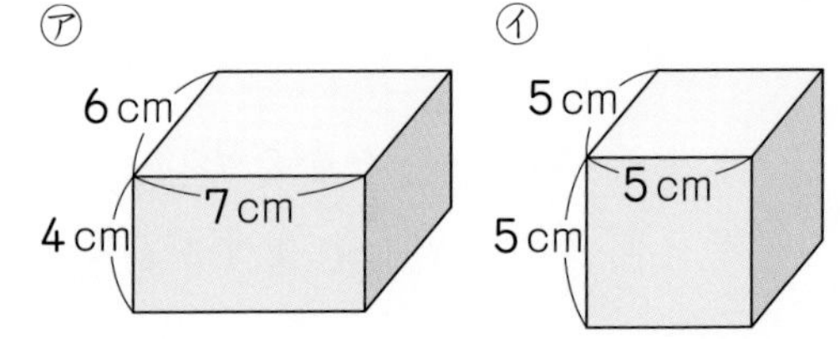

① 面
② 辺（へん）
③ 頂点（ちょうてん）

とき方 直方体は，長方形だけ，または長方形と正方形でかこまれた立体で，立方体は正方形だけでかこまれた立体です。

① ㋐は，となり合う2辺が6cmと7cmの長方形の面が2つ，4cmと7cmの長方形の面が□つ，4cmと□cmの長方形の面が2つだから，面の数は全部で□つです。
また，㋑は1辺が□cmの正方形の面が□つあります。

② ㋐は，6cm，7cm，4cmの辺がそれぞれ□つずつあるから，辺の数は全部で□です。
また，㋑は5cmの辺が□あります。

③ 辺が集まっているかどを数えます。㋐，㋑とも，□つあります。

1 右の図のような直方体があります。

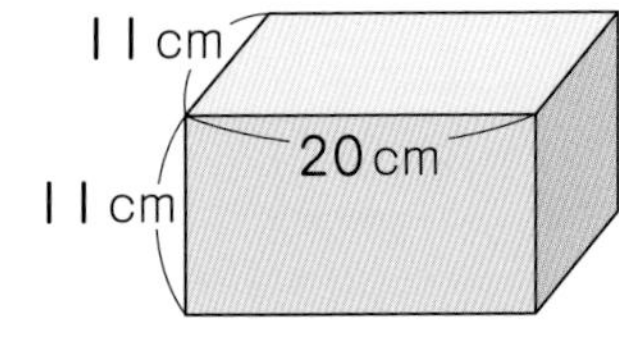

❶ 長さが20cmの辺はいくつありますか。
（　　　　）

❷ 長さが11cmの辺はいくつありますか。
（　　　　）

❸ 正方形の面はいくつありますか。
（　　　　）

❹ 長方形の面はいくつありますか。
（　　　　）

❺ 1つの頂点に集まる辺の数はいくつですか。
（　　　　）

いまでも「銭」を使うことがあるよ。日本の円をアメリカ合衆国のドルに交換するとき，「1ドル＝120円25銭」のように，細かい金額で外国為替の取引を行いたいときに使うんだ。

例題2　展開図と見取図

右の直方体の展開図を組み立てます。

① 辺ウエと重なる辺はどれですか。

② 辺アイと重なる辺はどれですか。

③ 点サと重なる点はどれですか。
すべて答えましょう。

④ 組み立ててできる直方体の見取図をかきましょう。

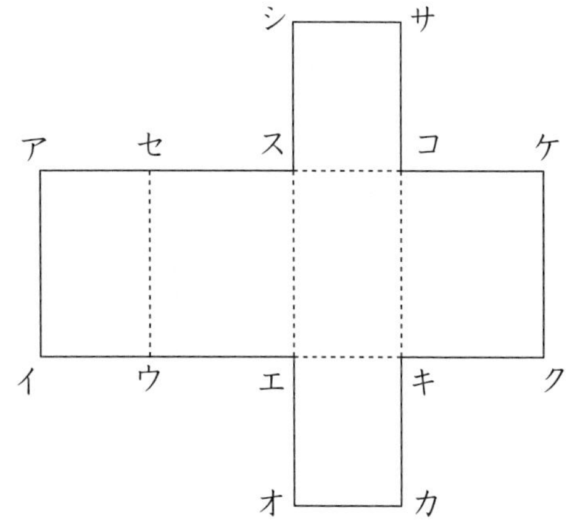

とき方　直方体の展開図は，切り開き方によっていろいろな形があります。組み立てについて考えるときは，右の図のように重なる辺どうしを線でつなぐとよいでしょう。

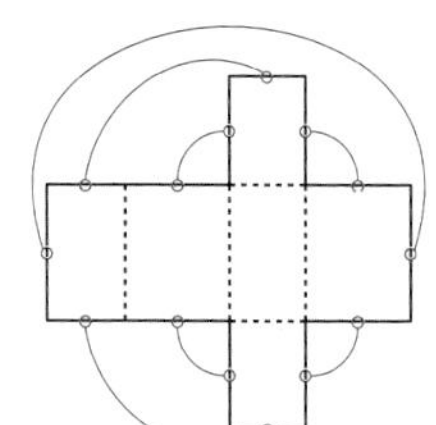

① 辺ウエと重なるのは，辺□です。

② 辺アイと重なるのは，辺□です。

③ 2つあって，点□と点□です。

④ 見取図では，平行な辺は平行にかきます。おく行きの辺は短くかき，見えない辺は点線でかきます。右の図に，続きをかいて完成させましょう。

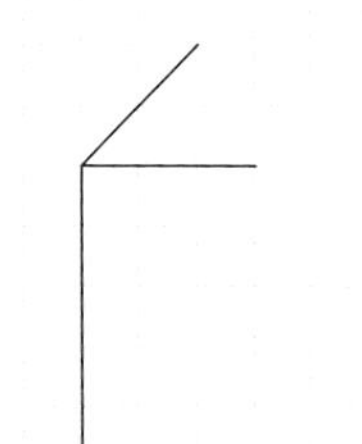

ちゅうい
重なる辺は，対応する点の順に答えます。

さんこう
重なる辺や点は，見取図に点の記号を書いて考えるのもよいでしょう。

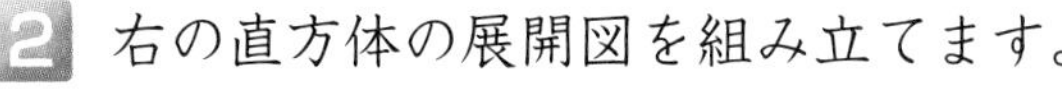

2 右の直方体の展開図を組み立てます。

❶ 辺アセと重なる辺はどれですか。

（　　　　）

❷ 点コと重なる点はどれですか。

（　　　　）

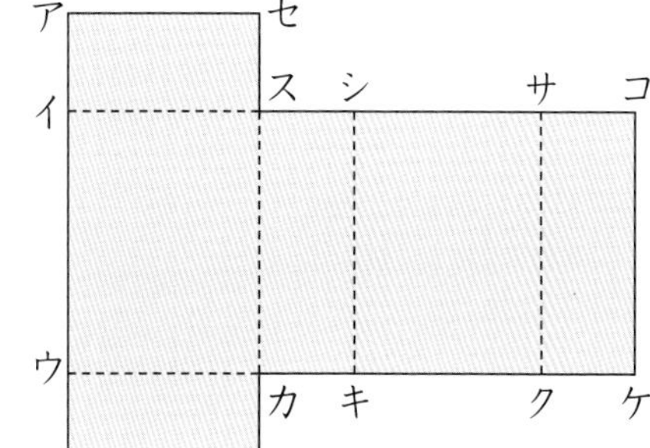

答え ▶ 36ページ

26 直方体と立方体

展開図の問題は，組み立てた立体の見取図をかいて考えるとわかりやすいことが多いよ。

1 次のア～オの立体で，直方体はどれですか。また，立方体はどれですか。

ア
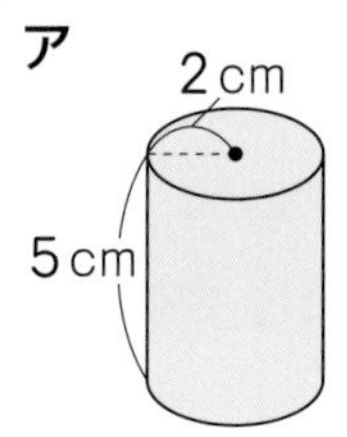

イ
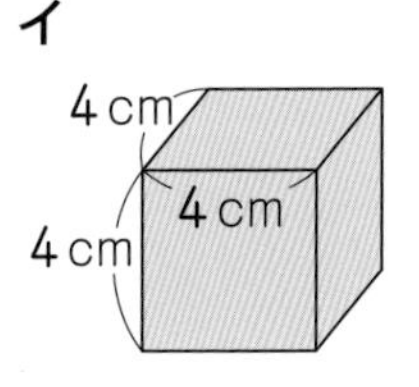

ウ
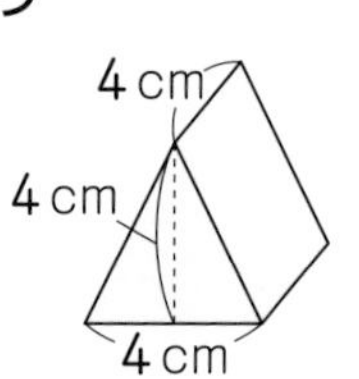

エ
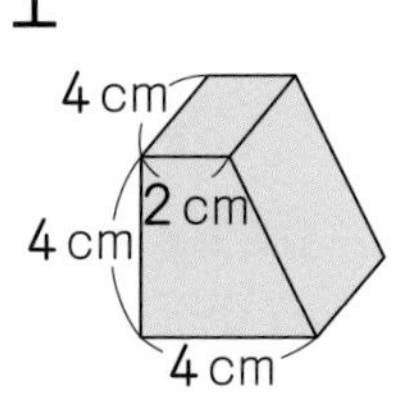

オ
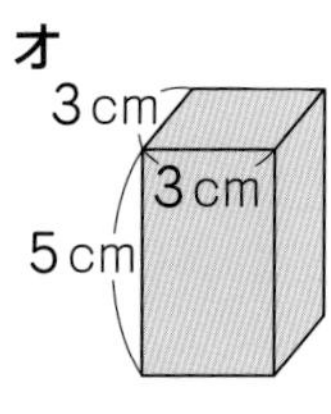

直方体（　　　　） 立方体（　　　　）

2 5cmの竹ひごを1辺とし，3gのねん土を1つの頂点として，右の図のような立方体の形をつくります。

❶ 必要な竹ひごの長さは，あわせて何cmですか。

（　　　　）

❷ 必要なねん土の重さは，あわせて何gですか。

（　　　　）

3 右の図は，直方体の見取図です。下の図は，この直方体の展開図をとちゅうまでかいたものです。続きをかいて，展開図を完成させましょう。

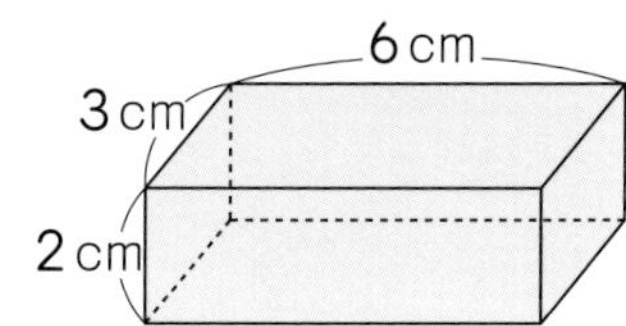

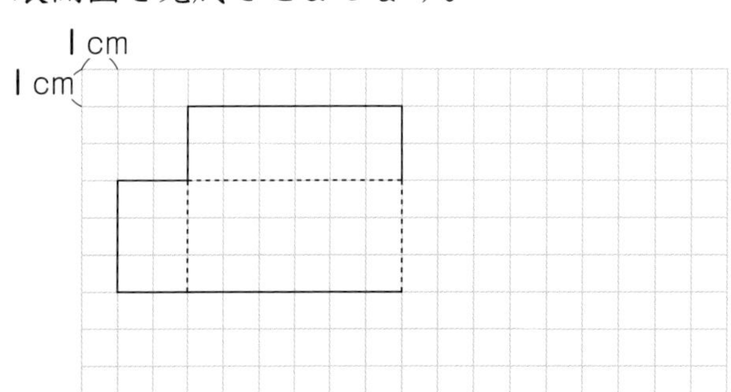

4 次のア～オのうち，立方体の展開図として正しいものをすべて選びましょう。

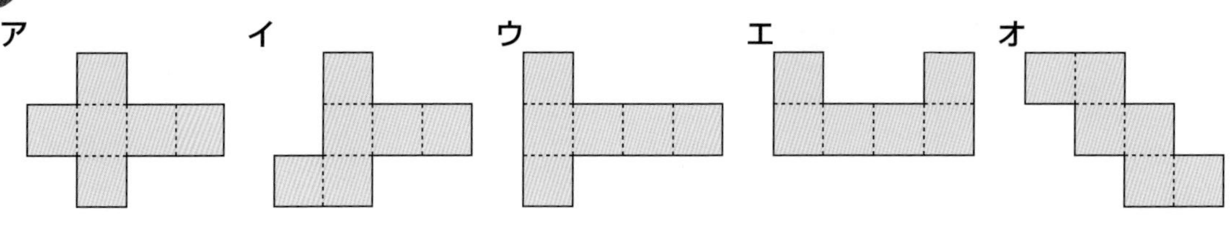

（　　　　）

できたらスゴイ！

5 次の問いに答えましょう。

❶ 1つの頂点に集まっている3つの辺の長さが4cm，5cm，8cmの直方体があります。すべての面の面積を合計すると何cm^2になりますか。

（　　　　）

❷ 辺の長さが，たて，横，高さの順に1cmずつ大きくなる直方体があり，すべての辺の長さを合計すると120cmです。横の長さは何cmですか。

（　　　　）

6 右の図のような立方体の箱にリボンをかけ，結び目に20cm使うと，使ったリボンの長さは212cmになりました。この立方体の箱の1辺の長さは何cmですか。

（　　　　）

7 右の図の色をぬった部分は，立方体の展開図の一部です。これにあと1つの面をかきたして展開図を完成させるには，どこにたせばよいでしょう。①～⑩のうち，あてはまるものをすべて選びましょう。

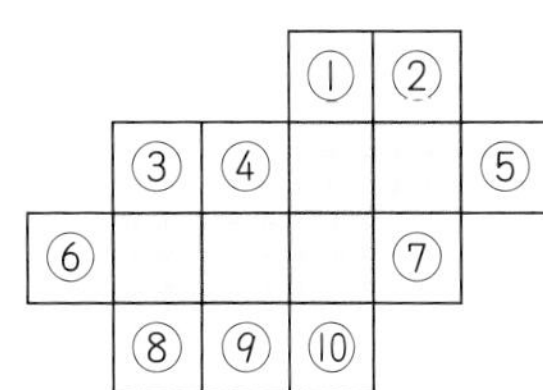

（　　　　）

8 右の図の㋐～㋔のような，長方形のあつ紙がたくさんあります。これらを6まい使い，それぞれが面となるような直方体をつくります。

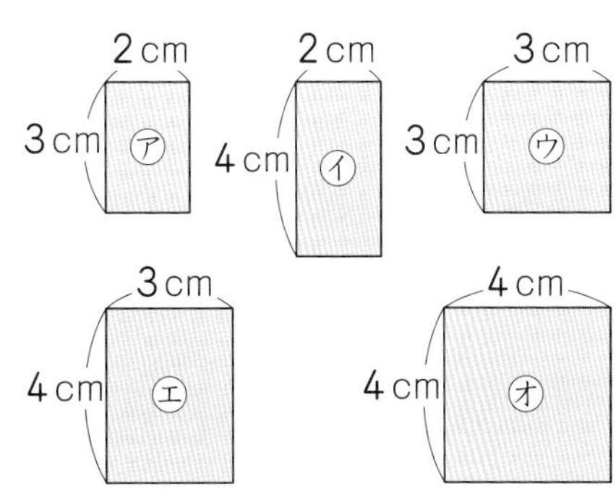

❶ ㋐と㋑を2まいずつ使うとき，あとの2まいはどれを使えばよいでしょう。

（　　　　）

❷ ㋐を4まい使うとき，あとの2まいはどれを使えばよいでしょう。

（　　　　）

ヒント

8 ❷ この直方体には，2cmの辺か3cmの辺が8つあることになります。

答え▶37ページ

27 面や辺の平行と垂直，位置の表し方

レベル

四角形の場合と同じように，立体についても平行や垂直を考えることができるよ。

例題 1 面と面の平行と垂直

右の図のような立方体があります。

① 面㋐に平行な面はどれですか。

② 面㋐に垂直な面はどれですか。

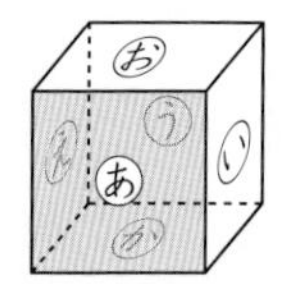

とき方 ① 直方体や立方体では，向かい合った面が平行だから，面□です。

② 直方体や立方体では，となり合った面が垂直だから，面□，面□，面□，面□の4つあります。

1 例題 1 の立方体について，次の問いに答えましょう。

❶ 面㋕に平行な面はどれですか。 ❷ 面㋕に垂直な面はどれですか。

（　　　　） （　　　　）

例題 2 辺と辺の平行と垂直

右の図のような直方体があります。

① 辺AEに平行な辺はどれですか。

② 辺AEに垂直な辺はどれですか。

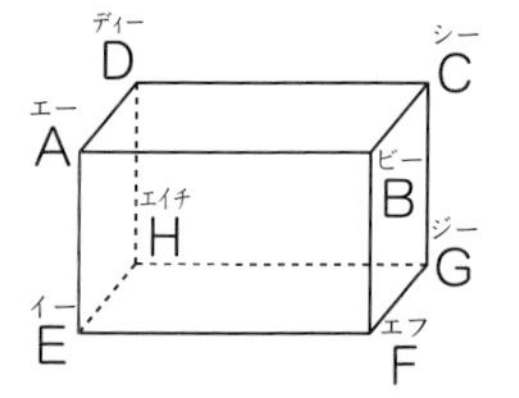

とき方 ① 直方体や立方体では，向かい合った辺が平行です。長方形AEFB，長方形AEHD，長方形AEGCで考えると，辺AEと向かい合っているのは辺BF，辺□，辺□です。

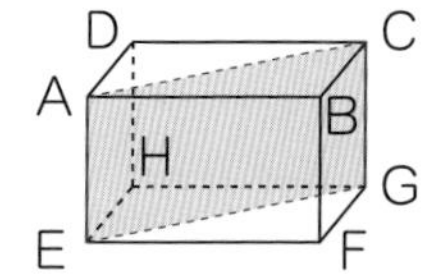

② 直方体や立方体では，交わっている辺が垂直だから，辺□，辺□，辺□，辺□の4つあります。

2 例題 2 の直方体について，次の問いに答えましょう。

❶ 辺DCに平行な辺はどれですか。 ❷ 辺DCに垂直な辺はどれですか。

（　　　　） （　　　　）

「円高」「円安」ということばを聞いたことがあるかな？ 「外国為替（かわせ）」で，「１ドル＝120円」が「１ドル＝110円」になると「円高」，「１ドル＝120円」が「１ドル＝130円」になると「円安」だよ。

例題３ 面と辺の平行と垂直

右の図のような直方体があります。

① 面㋔に平行な辺はどれですか。

② 面㋔に垂直な辺はどれですか。

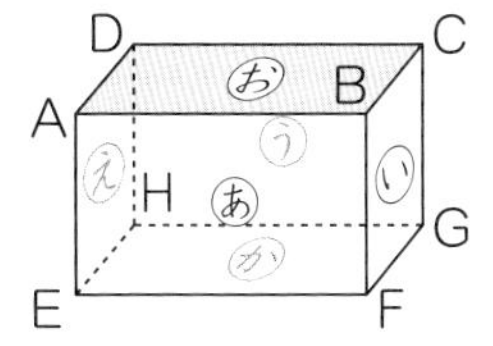

とき方 ① 面㋔に平行な面（面㋕）にふくまれる辺は，すべて面㋔に平行になります。右の図の赤線の辺だから，

辺［　　］，辺［　　］，辺［　　］，辺［　　］です。

② 面㋔の長方形ABCDのとなり合う２辺に垂直な辺は，すべて面㋔に垂直になります。右の図の青線の辺だから，辺［　　］，辺［　　］，辺［　　］，辺［　　］です。

３ 例題３ の直方体について，次の問いに答えましょう。

❶ 面㋑に平行な辺はどれですか。

（　　　　　　　　）

❷ 面㋑に垂直な辺はどれですか。

（　　　　　　　　）

例題４ 位置の表し方

右の直方体で，頂点（ちょうてん）Bの位置は，頂点Eをもとにして，（横５cm，たて０cm，高さ３cm）と表すことができます。同じように，頂点Cの位置を頂点Eをもとにして表しましょう。

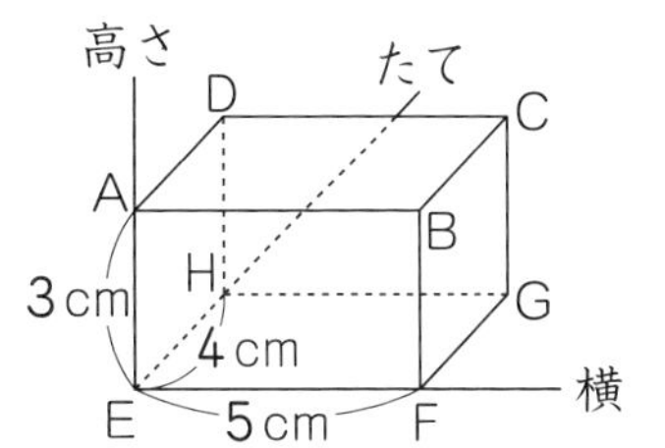

とき方 空間にある点の位置は，もとにする点を決めて，３つの長さの組で表すことができます。頂点Eから何cmはなれているかを考えると，頂点Cの位置は，（横［　　］cm，たて［　　］cm，高さ［　　］cm）と表すことができます。

４ 例題３ の直方体で，頂点Hの位置を，頂点Eをもとにして表しましょう。

（　　　　　　　　）

答え▶37ページ

27 面や辺の平行と垂直，位置の表し方

ハイレベル

点の位置を，もとにする点からの長さの組で表す考え方は，中学校でもよく使うよ。

1 右の図のような直方体があります。

❶ 面㋔に平行な面，垂直な面はどれですか。

平行（　　　　　　）

垂直（　　　　　　）

❷ 辺BCに平行な辺，垂直な辺はどれですか。

平行（　　　　　　）

垂直（　　　　　　）

❸ 面㋐に平行な辺，垂直な辺はどれですか。

平行（　　　　　　）

垂直（　　　　　　）

2 右の図はさいころの展開図です。さいころは，平行な面の目の数の和が7になるようにつくられています。目がぬけている面にあてはまる数を，数字で書き入れましょう。

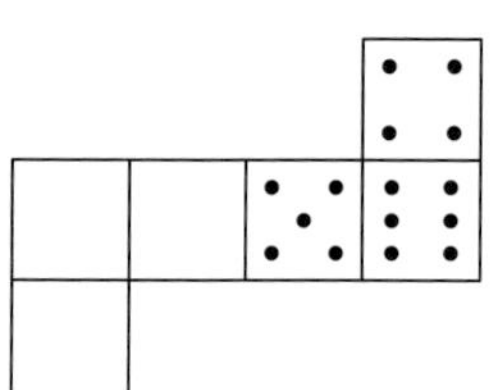

3 下の図で，点Bの位置は，点Aをもとにして，(横2，たて3)と表すことができます。

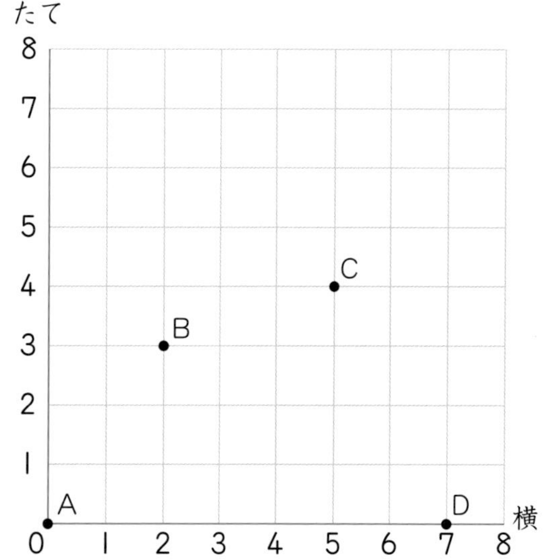

❶ 点Cと点Dの位置を，それぞれ点Aをもとにして表しましょう。

点C（　　　　　　）

点D（　　　　　　）

❷ 次の点E，点Fの位置を，それぞれ点Aをもとにして，左の図にかきましょう。

点E(横0，たて5)

点F(横6，たて8)

4 1辺が1cmの立方体の積み木が，右の図のように積まれています。点アをもとにして，点イと点ウの位置を表しましょう。ただし，点①は（横6cm，たて1cm，高さ2cm）のように表すものとします。

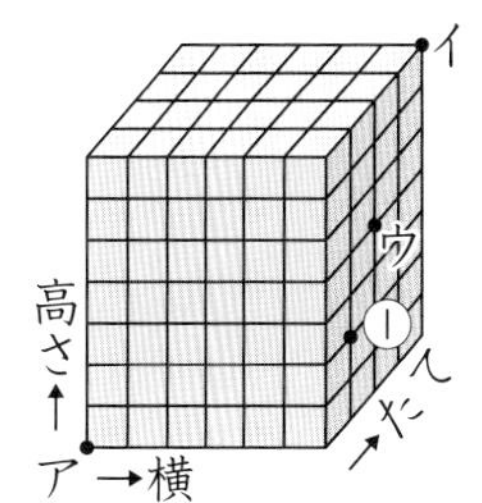

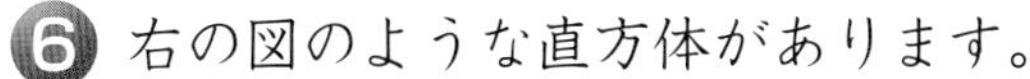

点イ（　　　　　　）　点ウ（　　　　　　）

できたらスゴイ！

5 右の展開図を組み立ててできる立方体について，次の問いに答えましょう。

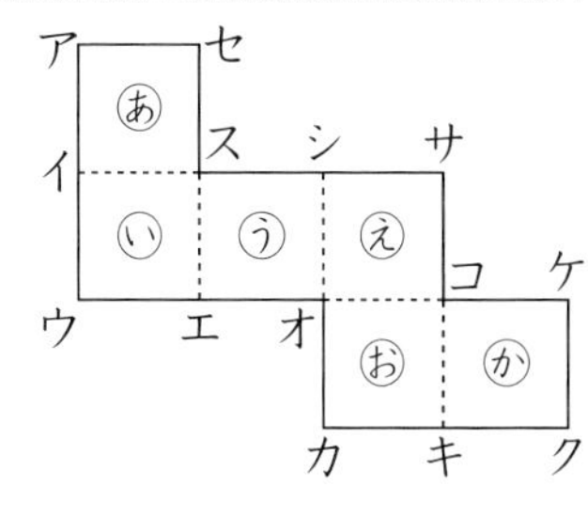

❶ 面あと平行になる面はどれですか。

（　　　　　）

❷ 面えと垂直になる面はどれですか。

（　　　　　）

❸ 辺オコと垂直になる面はどれですか。

（　　　　　）

6 右の図のような直方体があります。

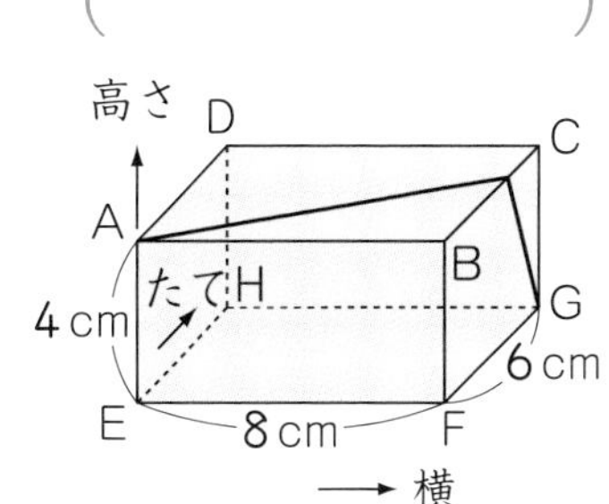

❶ 頂点Cの位置は，頂点Eをもとにして，（横8cm，たて6cm，高さ4cm）と表すことができます。点アの位置が，（横6cm，たて6cm，高さ0cm）と表されるとき，点アは直方体のどの辺の上にありますか。

（　　　　　）

❷ 頂点Aから，辺BCを通って頂点Gまで，直方体の面の上に糸をはります。糸がたるまないように，糸の長さがもっとも短くなるようにするとき，右の展開図に，糸を表す線をかき入れましょう。

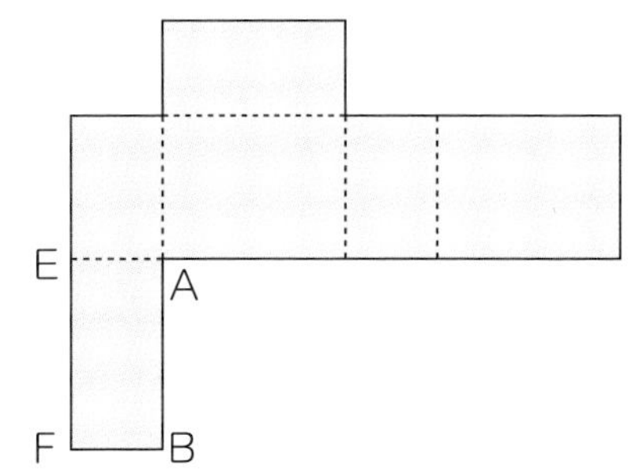

ヒント

6 ❷ 2つの点を通る線のうち，長さがもっとも短いのは，その2点をむすぶ直線だよ。だから，糸を表す線も，展開図では直線になるはずだね。

3 けんさんのクラスでは，弟がいる人は11人，妹がいる人は8人，どちらもいる人は3人，どちらもいない人は7人でした。

妹＼弟	いる	いない	合計
いる	3	㋐	㋑
いない	㋒	7	㋓
合計	㋔	㋕	㋖

(1) 表のあいているところに人数を書きなさい。

(2) けんさんのクラスの人数は何人ですか。

(3) 弟はいるが，妹がいない人は何人ですか。

(4) 妹はいるが，弟がいない人は何人ですか。

4 下の図のように，5cmのテープを1cmずつかさねてはり，全体の横の長さについて考えます。

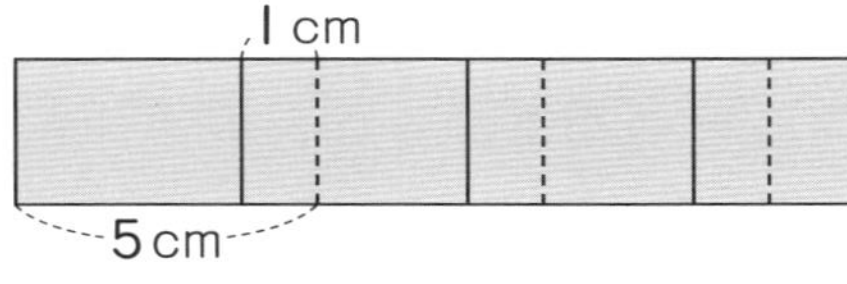

(1) テープのまい数と横の長さを，下の表にまとめましょう。

まい数(まい)	1	2	3	4	5	6	7
横の長さ(cm)	5	9	㋐	㋑	㋒	㋓	㋔

(2) 1まいふえると，横の長さはどのように変わりますか。

(3) まい数を□まい，横の長さを○cmとして，□と○の関係(かんけい)を式に表しましょう。

(4) 50まいのとき，横の長さは何cmですか。

5 次の計算で，四捨五入(ししゃごにゅう)して，和，差(さ)，積(せき)，商を見積(みつ)もりましょう。(1)と(2)は一万の位までのがい数，(3)と(4)は上から1けたのがい数にして計算しましょう。

(1) 398234＋424319　　(2) 2132981−879631

(3) 39421×731　　(4) 62981÷4921

6 次の□にあてはまる数を求めましょう。

(1) 三兆(ちょう)二千五億(おく)五千二十万三十五を数字で表すと，□です。

(2) 5.8mの長さのロープと0.572mの長さのロープのちがいは□cmです。

(3) ゆみさんは1500円を持って買い物にでかけました。198円のジュースを2本と128円のチョコレートを3こと145円のパンを3こ買いました。あまったお金で，63円のガムは□こまで買うことができます。

(4) たて8cm，横12cmの長方形があります。この長方形と同じ面積(めんせき)で，横の長さが6cmの長方形を作るとき，たての長さは□cmになります。

(5) 箱にかんづめが24こ入っています。かんづめ1この重さは0.8kgで，箱の重さは1.8kgだそうです。このとき，全体の重さは□kgになります。

(6) ある数に$3\frac{4}{7}$をたす計算を，まちがえて，ある数から$3\frac{4}{7}$をひいたので，答えは$\frac{5}{7}$になりました。ある数は①で，正しい答えは②です。

しあげのテスト(1)

※答えは，解答用紙の解答欄に書き入れましょう。

時間 45分　　満点 100点

答え▶39ページ

1 次の問題に答えましょう。

(1) 次の計算をしましょう。⑦はわりきれるまで計算し，①と⑧は商は一の位まで求め，あまりも出しましょう。

① 88÷7　　② 348÷3

③ 960÷80　　④ 528÷11

⑤ 0.56×7　　⑥ 9.04×31

⑦ 8.97÷39　　⑧ 67.2÷9

(2) 次の計算をしましょう。

① 7.19+2.93　　② 20.3−6.39

③ $3\frac{1}{4}+1\frac{3}{4}$　　④ $5-1\frac{3}{8}-2\frac{5}{8}$

⑤ 108億+29億　　⑥ 10億250万−925万

(3) 次の計算を，くふうしてしましょう。

① 8×25×125　　② 16×3×250

③ 328×79+328×21　　④ 99×72

2 次の問題に答えましょう。

(1) 次の㋐〜㋒の角度を計算で求めましょう。

①　　②　　③

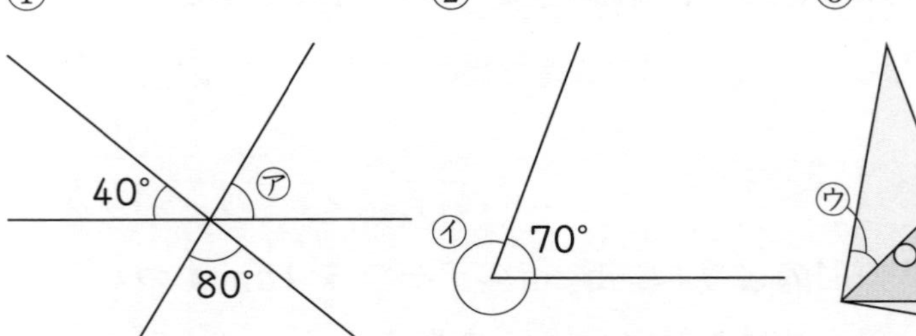

(2) 次の図の色をぬった部分の面積は何cm^2ですか。

①

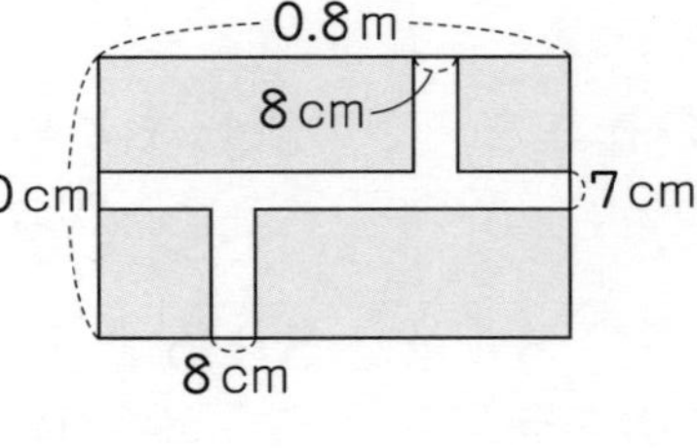

②

50cm
12cm
12 cm
8cm
0.4m
4cm
14 cm
25cm

(3) 右の直方体について，次の①〜③にあてはまる数を書きなさい。

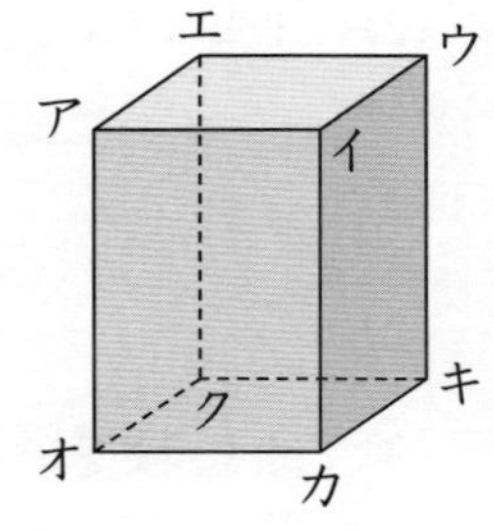

① 辺アイと平行な辺の数

② 面オカキクと垂直な面の数

③ 面アイウエと平行な辺の数

《問題はうらに続きます。》

《出題範囲》1…1章，4章，5章，6章，9章，12章，13章　2…2章，11章，15章　3…3章
4…14章　5…10章　6…1章，5章，6章，11章，12章，13章

しあげのテスト(1) 解答用紙

学習した日　月　日

名前

※解答用紙の右にある採点欄の□は，丸つけのときにつかいましょう。

1

(1)	①		②		③	
	④		⑤		⑥	
	⑦		⑧			
(2)	①		②		③	
	④		⑤		⑥	
(3)	①		②		③	
	④					

2

(1)	①		②		③	
(2)	①		②			
(3)	①		②		③	

3

(1) ㋐　㋑　㋒　㋓　㋔　㋕　㋖

(2)		(3)		(4)	

4

(1) ㋐　㋑　㋒　㋓　㋔

(2)		(3)		(4)	

5

(1)		(2)		(3)	
(4)					

採点欄

1　／36　1つ2点

2　／24　1つ3点

3　／12　1つ3点

4　／8　1つ2点

5　／8　1つ2点

6

(1)		(2)		(3)	
(4)		(5)		(6)	① ②

6

／12

1つ2点

得点（とくてん）

／100

3 右の図で，四角形ABCDは平行四辺形です。

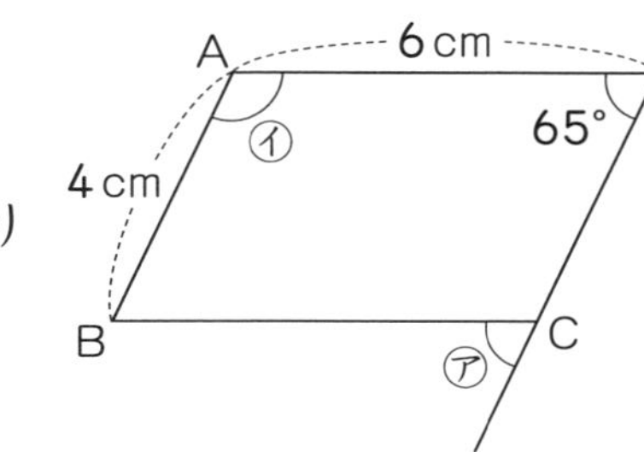

(1) この平行四辺形のまわりの長さは何cmですか。

(2) ㋐，④の角の大きさは何度ですか。

4 下の表は，たかしさんがある町の晴れた日を調べて，その日数を月ごとに集計したものです。次の問題に答えましょう。

晴れた日数

月	1	2	3	4	5	6	7	8	9	10	11	12
日数(日)	14	17	18	16	17	13	1	18	11	18	15	20

(1) この変化(へんか)を折(お)れ線グラフにしなさい。また，たてじくの□に目もりの数やことばを入れなさい。

(2) 変(か)わり方がいちばん大きいのは，何月から何月の間ですか。

(3) このグラフから，晴れた日についてわかることを20字以内(いない)で書きなさい。

5 赤いひもと白いひもと青いひもがあります。赤いひもは25m44cmで，これは白いひもの8倍の長さです。また，白いひもは青いひもの6倍の長さです。

(1) 青いひもの長さを1とみると，赤いひもの長さはいくつにあたりますか。

(2) 青いひもの長さは何cmですか。

6 3627176300000について，□にあてはまることばや数を書きましょう。

(1) この数を漢字で書くと，□です。

(2) この数を$\frac{1}{10000}$にした数を数字で書くと，□です。

(3) 左の「6」が表す大きさは，右の「6」が表す大きさの□倍です。

7 次の問題に答えましょう。

(1) 昨日(きのう)は2.15km歩きました。今日は1.7km歩きました。

① 昨日と今日で合わせて何km歩きましたか。

② 昨日と今日で歩いた道のりの差(さ)は何kmですか。

(2) ある数を28でわるのを，まちがえて82でわったので，商が3，あまりが6になりました。正しい答えを求めましょう。

(3) ある町の人口を四捨五入(ししゃごにゅう)して，上から2けたのがい数にしたら38000人になりました。この町の人口は何人以上何人以下といえますか。

(4) にんじんが$3\frac{3}{5}$kg，たまねぎが$1\frac{4}{5}$kgあります。ちがいは何kgですか。

(5) 23.2mのロープを8mずつに切ります。ロープは何本とれて，何mあまりますか。

しあげのテスト(2)

※答えは，解答用紙の解答欄に書き入れましょう。

時間 45分　満点 100点

答え▶40ページ

1 次の問題に答えましょう。

(1) 次の計算をしましょう。②と④の商は一の位まで求め，あまりも出しましょう。⑧は商を四捨五入して，上から2けたのがい数で表しましょう。

① 96÷6　　② 617÷4

③ 9225÷75　　④ 910÷219

⑤ 27.8×46　　⑥ 0.602÷7（わりきれるまで計算）

⑦ 4.2÷8（わりきれるまで計算）　　⑧ 23.9÷36

(2) 次の計算をしましょう。

① 51.92+0.087　　② 10−0.043

③ $5\frac{2}{9}-3\frac{4}{9}$　　④ $6\frac{5}{7}+\frac{4}{7}-4\frac{3}{7}$

⑤ 1兆−30億　　⑥ 45億÷100

(3) 次の計算をしましょう。

① 50×(9−3)　　② 6×9−8×3

③ 40×3+90÷3　　④ (620−80)÷6÷10

2 次の問題に答えましょう。

(1) 次の図の色をぬった部分の面積は何cm^2ですか。

①

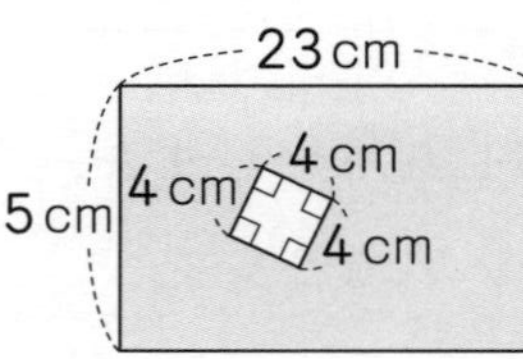

②

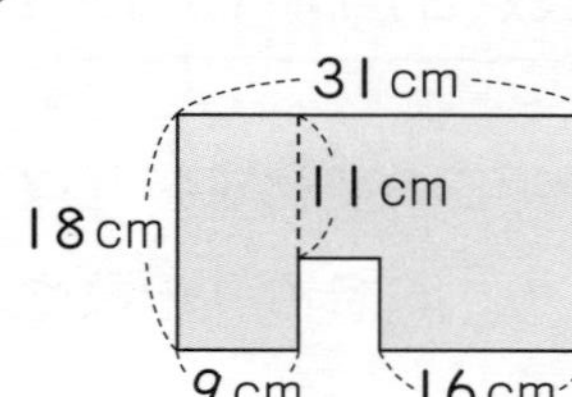

(2) 下の図はさいころを切り開いたものです。さいころは，平行な面の目の数の和が7になるようにつくられています。

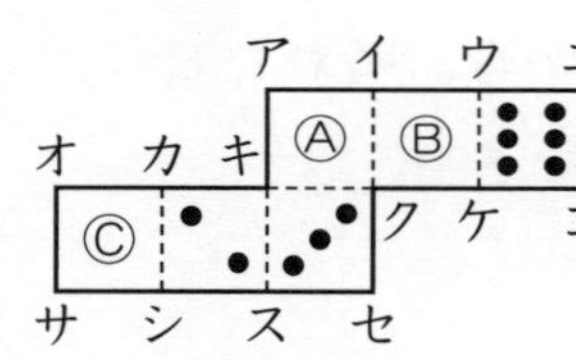

① あいている面の目の数を数字で答えなさい。

② 次の辺と重なる辺を書きなさい。

アイ（　）　エコ（　）　イウ（　）

③ 次のちょう点と重なるちょう点を書きなさい。

オ（　）　セ（　）

《問題はうらに続きます。》

《出題範囲》1…1章，4章，5章，6章，9章，12章，13章　2…11章，15章　3…7章
4…3章　5…8章　6…1章　7…5章，6章，10章，12章，13章

しあげのテスト(2) 解答用紙

※解答用紙の右にある採点欄の□は，丸つけのときにつかいましょう。

学習した日　　月　　日

名前

1

(1)	①		②		③	
	④		⑤		⑥	
	⑦		⑧			
(2)	①		②		③	
	④		⑤		⑥	
(3)	①		②		③	
	④					

2

(1)	①		②	
(2)	①	Ⓐ	Ⓑ	Ⓒ
	②	アイ	エコ	イウ
	③	オ	セ	

3

(1)		
(2)	㋐	
	㋑	

採点欄

1 ／36 1つ2点

2 ／15 1つ3点

3 ／9 1つ3点

4

(1)

晴れた日数

( )

1 2 3 4 5 6 7 8 9 10 11 12 (月)

(2)	
(3)	

5

(1)		(2)	

6

(1)			
(2)		(3)	

7

(1)①		②	
(2)		(3)	
(4)		(5)	

4 ／12 1つ4点

5 ／4 1つ2点

6 ／6 1つ2点

7 ／18 1つ3点

得点（とくてん） ／100

小学ハイレベルワーク

算数 4 年

答えと考え方

「答えと考え方」は，
とりはずすことが
できます。

「WEBでもっと解説」
はこちらです。

1章 大きい数のしくみ

標準レベル＋　4～5ページ

例題1　①1000，4，4000
②1，2，6億7000万

1 ❶30億　❷1兆
❸4460兆　❹3兆200億

2 ❶7兆　❷9億5000万
❸6000万　❹1800億

例題2
① 34億 ＋128億 ＝ 162億
② 206兆 － 57兆 ＝ 149兆
③
```
    532
  × 149
   4788
  21280
  53200
  79268
```
④
```
     473
   × 608
    3784
   2838
  287584
```

3 ❶215億　❷1兆　❸35兆

4 ❶1950000(195万)
❷195億(19500000000)
❸195兆(195000000000000)

5 ❶3288　❷93438　❸460158
❹289810　❺148716　❻506240

考え方

3 ❷ 3840億＋6160億＝10000億 → 1兆

4 195に0を何こつけるかを考えます。
❷ 13万×15万＝13×15×10000×10000
＝195×100000000
＝19500000000(195億)
❸ 13億×15万
＝13×15×100000000×10000
＝195×1000000000000
＝195000000000000(195兆)

5 ❺
```
   486
  ×306
  2916
 1458
148716
```
❻
```
   904
  ×560
 54240
 4520
506240
```

ハイレベル＋＋　6～7ページ

1 ❶二兆三千九百六十億九百万
❷2396009000　❸10000(1万)

2 ❶786000000
❷5920000000000
❸302008000000
❹4700000000000
❺99999999991

3 ❶2300億　❷4兆6000億
❸84兆　❹300億
❺750万　❻248億

4 ❶1373328　❷5434471
❸4170100　❹44362404
❺14580000　❻23010000

5 式 125×745＝93125　答え 93125秒

6 ❶A　❷B　❸A

7 ❶920億，1190億
❷6900億，1兆1100億　❸5000億

8 ❶9987654321O　❷10023456789
❸10023456978　❹19987654320

考え方

1 **2** 4けたごとに区切って考えましょう。

3 ❻ 位が3けたずつ下がります。

4 終わりに0がある数のかけ算では，0を省いて計算し，あとで0をつけたす方法があります。

❺
```
    2700
  × 5400
   108
  135
  14580000
```
❻
```
    590
  ×39000
    531
   177
  23010000
```

6 ❶A…1800億　B…180億
❷A…1兆2100億　B…1兆3400億
❸A…1兆500億　B…2000億

7 となり合う2つの数から，差を求めます。
❸ 3兆1000億－1兆8000億＝1兆3000億
1兆8000億－1兆3000億＝5000億

8 2回使う数字が1つだけあります。
❷ 0を2回使います。いちばん上の位に0を置くことはできないので，1を置きます。あとは上の位から順に小さい数字をならべます。
❹ 200億より小さくて200億にいちばん近い数は，19987654320　200億より大きくて200億にいちばん近い数は，
20013456789

それぞれの数と200億との差をくらべます。

2章 角の大きさ

標準レベル＋　8〜9ページ

例題1　①35，180，35，215
②145，360，145，215

1 ❶50°　❷250°　❸330°

2 ❶ ❷
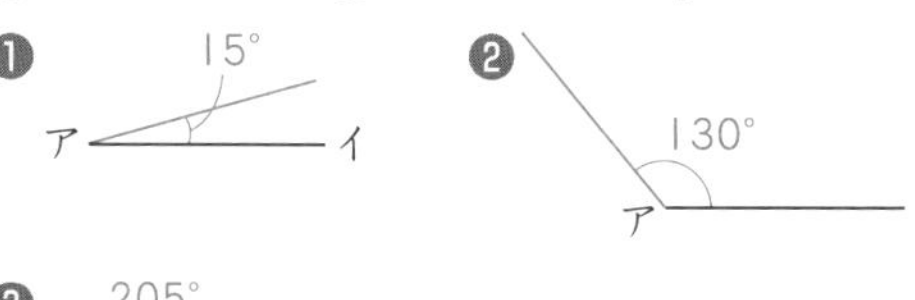

❸

例題2　①90，40，130
②180，150，30，150，30

3 ❶55°　❷65°
❸㋒140°　㋓40°

4 ❶75°　❷30°　❸15°

考え方

2 ❸ 205°＝180°＋25°と考えます。
または，205°＝360°−155°と考えます。

3 ❶ 35°＋20°＝55°
❷ 90°−25°＝65°
❸㋒ 180°−40°＝140°
㋓ 180°−140°＝40°

4 ❶ 30°＋45°＝75°
❷ 90°−60°＝30°
❸ 60°−45°＝15°

ハイレベル＋＋　10〜11ページ

1 ㋐95°　㋑45°　㋒40°

2 ❶ ❷
50°　50°　5cm
30°　110°　4cm

3 ❶290°　❷225°　❸127°

4 ❶135°　❷120°　❸35°

5 ❶20°　❷71°　❸65°

6 ❶90°　❷30°
❸6°　❹228°

7 ❶60°　❷210°　❸165°

8 ❶20°　❷46°

考え方

3 ❶ 360°−70°＝290°
❷ 45°＋180°＝225°
❸ 180°−127°＝53°　180°−53°＝127°
参考（さんこう） 向かい合った角は対頂角（たいちょうかく）といい，大きさが等しくなります。

4 ❶ 45°＋90°＝135°
❷ 180°−60°＝120°
❸ 90°−25°−30°＝35°

5 ❶ 180°−75°−85°＝20°
❷ 向かい合った角の大きさは等しいから，
180°−68°−41°＝71°
❸ 右の図で，㋓の角は，
180°−120°＝60°
㋔の角は，
180°−125°＝55°

120°　125°　㋓　㋔　㋒

㋒の角は，180°−60°−55°＝65°

6 時計の長いはりは，60分で1回転します。
1回転＝4直角＝360°です。
❶ 15分でまわる角度は1直角です。
❷ 15分でまわる角度90°は，文字ばんの数字の3つ分です。5分でまわる角度は，文字ばんの数字1つ分だから，90°÷3＝30°
❸ 5分で30°だから，1分では，30°÷5＝6°
❹ 6°×38＝228°

7 長いはりと短いはりが，それぞれ12時のめもりから何度まわったところにあるかを考えましょう。短いはりが1時間にまわる角度は，長いはりが5分間にまわる角度と等しく，30°です。
❶ 長いはりは0°　短いはりは30°×2＝60°だから，つくる角の大きさは60°です。
❷ 長いはりは0°　短いはりは30°×7＝210°だから，つくる角の大きさは210°です。
❸ 長いはりは半回転で180°　また，短いはりは60分で30°まわるから，30分でまわる角は15°です。したがって，つくる角の大きさは，180°−15°＝165°

❽ 折ってできる角は，もとの角と大きさが等しくなります。

❶ 90°−50°＝40°　40°÷2＝20°

❷ 67°×2＝134°　180°−134°＝46°

3章 折れ線グラフと表

標準レベル＋　12〜13ページ

例題1　①1，11　②1，17　③3，4

1 ❶15度　❷午後1時

❸午後2時と午後3時の間

❹午前11時と午後0時の間

例題2

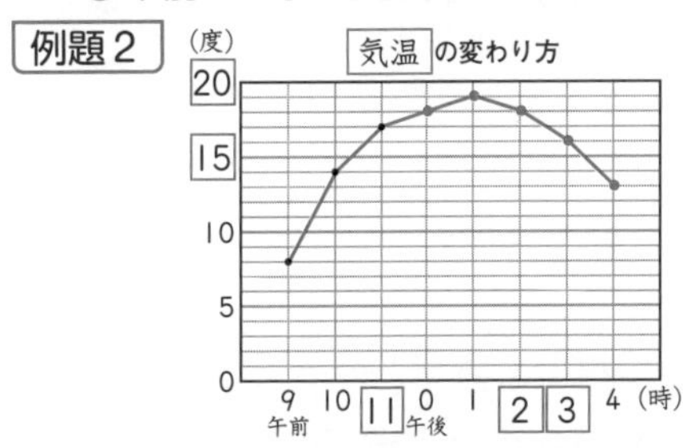

2

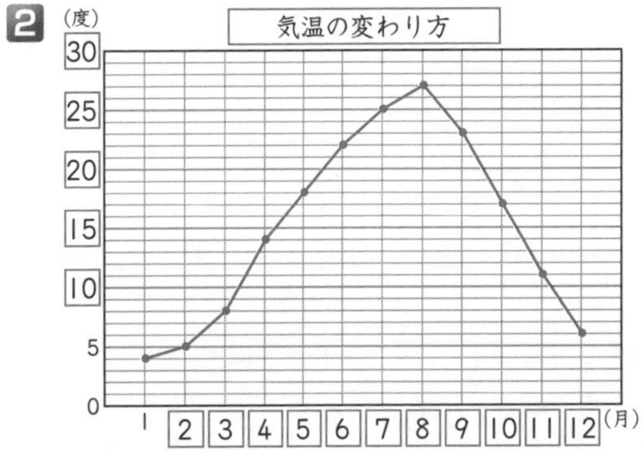

考え方

1 ❸ グラフの線がかたむいていないところをさがします。午後2時と午後3時の間で，気温は27度であることがわかります。

❹ グラフの線が右上がりで，かたむきがいちばん急なところをさがします。午前11時から午後0時の間で，20度から25度まで，5度上がっています。

2 表題，月，気温を書いてから，月ごとの気温を表す点をうち，それらを直線で結びます。

ハイレベル＋＋　14〜15ページ

1 ❶36.7度

❷午前10時と午後0時の間

❸午後6時と午後8時の間

2 ❶

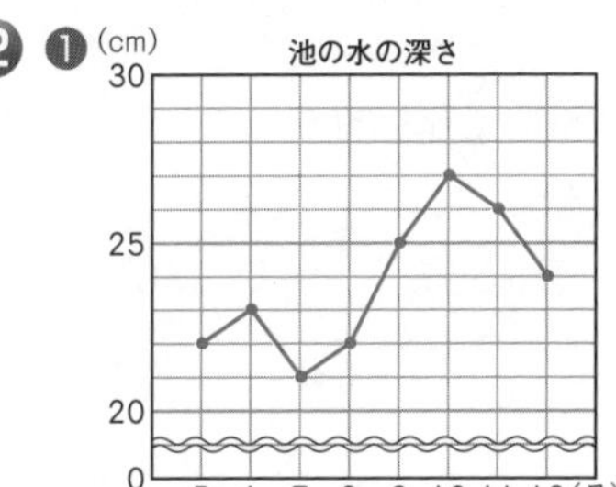

❷(例)線のかたむきが大きくなって，変わり方がわかりやすくなる。

3 イ，エ

4 ❶2日…24.6g

3日…24.2g

❷右の図

❸9日

❹2.1g

❺26.4g

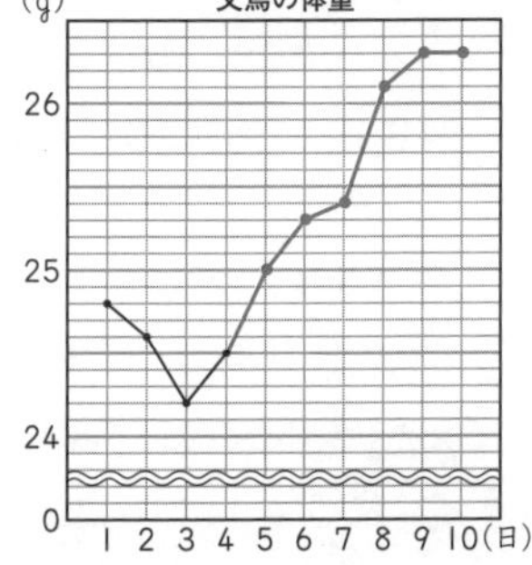

考え方

1 ❸ グラフの線が右下がりで，かたむきがいちばん急なところをさがします。

2 ❷「20cmから30cmの部分が大きくなることで，変わり方が大きく表せるようになる」ということが書かれていれば正かいとします。

3 折れ線グラフは，変わり方がわかりやすく表せるグラフです。それに対して，ぼうグラフは種類ごとの大小がわかりやすく表せます。したがって，**ア**と**ウ**はぼうグラフ，**イ**と**エ**は折れ線グラフに表すとよいでしょう。

参考(さんこう) ぼうグラフの横のじくは種類を表すことが多く，折れ線グラフの横のじくは時間の流れを表すことが多いといえます。

4 ❸ グラフの線が右上がりになっている区間は3日と9日の間です。

❹ いちばん重いのは9日と10日の26.3gで，いちばん軽いのは3日の24.2gです。

26.3−24.2＝2.1(g)

❺ ふえ方がいちばん小さいのは6日と7日の間で，ふえた体重は0.1gです。したがって，11日の体重は10日より0.1g重くなります。
26.3＋0.1＝26.4(g)

標準レベル＋　16～17ページ

例題1　①6
②28，25，28，25，3，3
③2，6

1 ❶4度
❷午前8時と午後2時
❸午後0時で5度

例題2

けがをした場所と種類　(人)

場所＼種類	すりきず		切りきず		打ぼく		ねんざ		合計
校庭	T	2	下	3	T	2	一	1	8
教室	T	2	T	2		0		0	4
体育館	T	2		0	止	4	一	1	7
ろう下	T	2		0		0		0	2
合計	8		5		6		2		21

答え　体育館，打ぼく

2

けがをした学年と場所　(人)

学年＼場所	校庭		教室		体育館		ろう下		合計
1年生	一	1	一	1		0		0	2
2年生		0	一	1		0	T	2	3
3年生	T	2	一	1	一	1		0	4
4年生	一	1	一	1	T	2		0	4
5年生	T	2		0	一	1		0	3
6年生	T	2		0	下	3		0	5
合計	8		4		7		2		21

❶4人　❷校庭

考え方

1 ❶ 気温は19度，地温は15度です。
❸ 地温が31度，気温が26度だから，ちがいは，31－26＝5(度)

2 ❷ 3年生がけがをした場所は，校庭が2人，教室が1人，体育館が1人です。

ハイレベル＋＋　18～19ページ

❶ ❶5月から10月まで
❷1月で18度　❸静岡市で20度

❷ ❶あやとびも二重とびもできる人
❷あ16　い12　う28
え3　お3　か6
き19　く15　け34
❸15人

❸ ❶気温…6度　こう水量…110mm
❷220mm　❸9月　❹正しくない

❹ ❶36人　❷13人　❸19人

考え方

❶ ❸ 静岡市のいちばん高い気温は8月の27度，いちばん低い気温は1月の7度で，ちがいは20度です。ブエノスアイレスのいちばん高い気温は1月の25度，いちばん低い気温は7月の11度で，ちがいは14度です。

❷ ❷ 問題の文から，けは34，うは28，きは19，おは3とわかります。
かは，け－うより，34－28＝6
くは，け－きより，34－19＝15
いは，く－おより，15－3＝12
あは，う－いより，28－12＝16
えは，か－おより，6－3＝3
❸ いとえの合計になります。12＋3＝15(人)

❸ 気温は左，こう水量は右のめもりを読みます。
❷ 気温が2番目に高いのは25度の7月です。
❸ 前の月より気温が下がったのは9月，10月，11月，12月。このうち，こう水量が前の月よりへったのは9月です。
❹ 2月から5月まで，気温は上がっていき，こう水量はへっていきます。また，9月から12月まで，気温は下がっていき，こう水量はふえていきます。よって，正しいとはいえません。

❹ ❶ 表の人数をすべてたすと36人です。
❷ 計算テストが8点のらんを横に見ていき，その人数をたします。1＋1＋6＋5＝13(人)
❸ 計算と漢字の両方とも6点，8点，10点となる場合を調べます。合計が16点から20点となるのは，次の表の色をつけたところです。
2＋6＋5＋1＋2＋3＝19(人)

計算テストと漢字テストのとく点　（人）

		漢字テスト				
		2点	4点	6点	8点	10点
計算テスト	2点	1		1		
	4点	1	2	2	1	
	6点		1	4	2	2
	8点		1	1	6	5
	10点			1	2	3

4章　1けたの数でわるわり算

標準レベル＋　20～21ページ

例題1　①3，3，30，30

②2，2，200，200

1　❶20　❷200　❸60

例題2

```
      [2]               2              2[8]
  3 ) 8 4   →   3 ) 8 4   →   3 ) 8 4
      6               6              6
     [2]              2[4]           2 4
                                     2 4
                                       0
```

2　❶47　❷25　❸13　❹16　❺21　❻32

例題3

```
     [3][0]
  2 ) 6 1
      6
        1
        0
        1
```

30，1，30，1，61

3　❶14あまり3　けん算…5×14＋3＝73

❷10あまり6　けん算…9×10＋6＝96

4　❶28あまり1　❷14あまり4

❸13あまり2　❹12あまり1

❺21あまり2　❻20あまり1

考え方

1　❸ 10の42÷7＝6(こ)分で，60です。

2

```
❶    47        ❷    25
   2)94            3)75
     8               6
     14              15
     14              15
      0               0

❸    13        ❹    16
   6)78            5)80
     6               5
     18              30
     18              30
      0               0

❺    21        ❻    32
   4)84            3)96
     8               9
      4               6
      4               6
      0               0
```

3

```
❶    14        ❷    10
   5)73            9)96
     5               9
     23               6
     20
      3
```

4

```
❶    28        ❷    14
   3)85            6)88
     6               6
     25              28
     24              24
      1               4

❸    13        ❹    12
   7)93            4)49
     7               4
     23               9
     21               8
      2               1

❺    21        ❻    20
   3)65            2)41
     6               4
      5               1
      3
      2
```

ハイレベル＋＋　22～23ページ

1　❶60　❷600　❸500

❹28　❺18あまり3

❻15あまり1　❼11

❽31あまり2　❾10あまり4

2　式 90÷6＝15　答え 15こ

3　式 95÷8＝11あまり7

答え 11本とれて，7mあまる。

4　式 6×13＋5＝83　答え 83

5　式 32÷2＝16　答え 16倍

❻ ❶
```
    17
 4)68
   4
   28
   28
    0
```
❷
```
    25
 3)76
   6
   16
   15
    1
```
❼ 式 78÷5=15あまり3　答え 16日

❽ 式 72÷2=36　36÷3=12　答え 12cm

❾ 式 40+18=58　58÷2=29
40−29=11　答え 11こ

❿ 式 89÷7=12あまり5　答え ■

考え方

❶ ❸ 100の40÷8=5(こ)分で，500です。

❻
```
    15
 3)46
   3
   16
   15
    1
```
❼
```
    11
 7)77
   7
    7
    7
    0
```
❽
```
    31
 3)95
   9
    5
    3
    2
```
❾
```
    10
 6)64
   6
    4
```
❹ わる数×商+あまり=わられる数 の式にあてはめます。

❺ 何倍かを求めるときはわり算を使います。

❻ ❶ 6−[エ]=2より，[エ]は4です。
[イ]×1=4より，[イ]は4です。
また，2[オ]−[カ]8=0より，
[オ]は8，[カ]は2で，
[ウ]=[オ]より，[ウ]は8です。
4×[ア]=28より，[ア]は7です。
```
     1[ア]
[イ])6[ウ]
    [エ]
     2[オ]
  [カ]8
      0
```
❷ 3×[ア]=6より，[ア]は2です。
[ウ]−6=1より，[ウ]は7です。
また，1[オ]−[カ]5=1より，
[オ]は6，[カ]は1で，
[エ]=[オ]より，[エ]は6です。
3×[イ]=15より，[イ]は5です。
```
   [ア][イ]
 3)[ウ][エ]
    6
    1[オ]
   [カ]5
       1
```
❼ あまりの3ページを読むのに，1日必要です。

❽ たてと横の長さの和は，まわりの長さの半分です。また，横の長さはたての長さの2倍だから，たてと横の長さの和は，たての長さの3倍です。

❾ ボールの数は，全部で40+18=58(こ)だから，うつしたあとのそれぞれの箱のボールは，58÷2=29(こ)　したがって，赤い箱から青い箱にうつした数は，40−29=11(こ)

別かい 29−18=11と求めることもできます。

❿ ○○●□■■■をくり返すので，この7こを1セットとします。89÷7=12あまり5で，12セットと○○●□■の5こがならぶことになるので，89番目は■となります。

標準レベル+　24〜25ページ

例題1 ①

149，447

②
```
    54
 7)382
   35
    32
    28
     4
```
54，4，382

1 ❶127あまり2
けん算…6×127+2=764
❷49
けん算…5×49=245

2 ❶357　❷226あまり1
❸112あまり3　❹172
❺241　❻190
❼120あまり2　❽108あまり6
❾101あまり2

3 ❶87あまり1　❷29
❸87あまり4　❹82
❺70あまり5　❻90

4 式 500÷4=125　答え 125g

例題2 ①20，4，24，24
②2，4，24

5 ❶32　❷23　❸16
❹210　❺190　❻170

考え方

1 けん算は，わる数×商＋あまり＝われる数の式にあてはめます。

❶
```
   127
6)764
  6
  16
  12
   44
   42
    2
```
❷
```
   49
5)245
  20
   45
   45
    0
```

2 ❸
```
   112
8)899
  8
   9
   8
   19
   16
    3
```
❹
```
   172
3)516
  3
  21
  21
    6
    6
    0
```
❺
```
   241
2)482
  4
   8
   8
    2
    2
    0
```
❻
```
   190
4)760
  4
  36
  36
    0
```
❼
```
   120
3)362
  3
   6
   6
    2
```
❽
```
   108
9)978
  9
   78
   72
    6
```
❾
```
   101
5)507
  5
    7
    5
    2
```

3 ❸
```
    87
8)700
  64
   60
   56
    4
```
❹
```
    82
4)328
  32
    8
    8
    0
```
❺
```
    70
7)495
  49
    5
```
❻
```
    90
6)540
  54
    0
```

5 ❸ 80＝50＋30，50÷5＝10，30÷5＝6だから，80÷5の商は，10＋6＝16

別(べっ)**かい** 頭の中で筆算をすると，

8÷5＝1あまり3だから，十の位は1

30÷5＝6だから，一の位は6

❺ 57÷3の商を10倍します。

ハイレベル++

26～27ページ

1 ❶473　❷96あまり3

❸176あまり3　❹30あまり5

❺201あまり2　❻102

❼1764　❽459あまり6

❾704あまり5

2 式 350÷9＝38あまり8

答え 38本とれて，8cmあまる。

3 式 4×197＋2＝790　790÷5＝158

答え 158

4 ❶式 365÷7＝52あまり1

答え 52週間と1日

❷水曜日

5 ❶
```
    1[4][7]
4)[5][8][9]
  [4]
   1 8
   1[6]
    [2] 9
    [2][8]
       [1]
```
❷
```
     [5][9]
8)[4][7][2]
  [4] 0
     7[2]
    [7][2]
        0
```

6 ❶6，87あまり3　❷8，116

7 式 170－8＝162　162÷9＝18

答え 18cm

8 式 458÷6＝76あまり2　6－2＝4

答え あと4こ，77こ

考え方

1 ❹
```
    30
6)185
  18
    5
```
❺
```
   201
3)605
  6
    5
    3
    2
```

❻
```
    102
7)714
  7
   14
   14
    0
```

❼
```
   1764
3)5292
  3
  22
  21
   19
   18
    12
    12
     0
```

❽
```
    459
8)3678
  32
   47
   40
    78
    72
     6
```

❾
```
    704
9)6341
  63
    41
    36
     5
```

4 ❶ うるう年でない1年は365日で，1週間は7日です。

❷ 1月1日から12月30日までで52週間だから，今年の1月1日が火曜日のとき，12月30日は月曜日です。したがって，12月31日が火曜日，次の日の1月1日は水曜日です。

5 ❶ 4×1＝4より，[カ]は4で，[ウ]は5です。また，[エ]は8で，[オ]は9だから，あとは589÷4の筆算を順に進めていけば，[ア][イ][キ][ク][ケ][コ][サ]もわかります。

```
      1[ア][イ]
4)[ウ][エ][オ]
  [カ]
   1 8
   1[キ]
    [ク] 9
    [ケ][コ]
        [サ]
```

❷ 8×[ア]＝[カ]0に注目します。8の段の九九で一の位が0になるのは8×5＝40だけなので，[ア]は5，[カ]は4です。したがって，[ウ]は4，[エ]は7です。

```
      [ア][イ]
8)[ウ][エ][オ]
  [カ] 0
     7[キ]
    [ク][ケ]
         0
```

また，7[キ]－[ク][ケ]＝0より，[ク]は7ですが，8の段の九九で十の位が7になるのは8×9＝72なので，[キ]，[ケ]は2で，[オ]も2です。

6 ❶ 百の位に商がたたないのは□が7より小さい整数のときで，商がいちばん大きいのは6のときです。612÷7＝87あまり3

❷ 商が3けたになるのは，□が7か8か9のときです。712，812，912のうち，7でわりきれるものをさがします。

7 1cmの仕切り板が8つあるので，仕切り板の分をのぞいたはばは，170－8＝162(cm)です。8まいの仕切りで9つの区画ができるので，仕切りと仕切りの間は，162÷9＝18(cm)です。

8 458÷6＝76あまり2より，1本に76こ入って，2こあまります。6－2＝4より，あと4こひろうとあまりの2ことあわせて，ちょうど6こになるので，びん1本に77こずつ入ります。

思考力育成問題　28～29ページ

❶

	ア	イ	ウ	エ	オ
あき	○		○	○	
いく		○		○	
うみ					○
えな	○	○			
おと	○				○

❷うみさん　❸オ　❹ア
❺イ　❻エ　❼ウ

考え方

❹ ❸より，**オ**はうみさんなので，表からおとさんの**オ**を消します。すると，おとさんは**ア**だけが残り，おとさんは**ア**と決まります。

	ア	イ	ウ	エ	オ
あき	○		○	○	
いく		○		○	
うみ					○
えな	○	○			
おと	○				⊗

❺ ❹より，**ア**はおとさんなので，表からあきさんとえなさんの**ア**を消します。えなさんは**イ**だけが残り，えなさんは**イ**と決まります。

	ア	イ	ウ	エ	オ
あき	⊗		○	○	
いく		○		○	
うみ					○
えな	⊗	○			
おと	○				⊗

❻ ❺より，**イ**はえなさんなので，表からいくさんの**イ**を消します。いくさんは**エ**だけが残り，いくさんは**エ**と決まります。

	ア	イ	ウ	エ	オ
あき	⊗		○	○	
いく		⊗		○	
うみ					○
えな	⊗	○			
おと	○				⊗

❼ ❻より，**エ**はいくさんなので，表からあきさんの**エ**を消します。あきさんは**ウ**だけが残り，あきさんは**ウ**と決まります。

	ア	イ	ウ	エ	オ
あき	⊗		○	⊗	
いく		⊗		○	
うみ					○
えな	⊗	○			
おと	○				⊗

5章 小数

30～31ページ

例題1 0.01，0.001，
0.3，0.02，0.005，1.325

1 1.245kg

2 ❶3.68m　❷1.25L
❸10.095kg　❹2.734km
❺3.416kg　❻0.609m
❼0.175L　❽0.02km
❾0.9t

例題2 ①1，2，0.0098
②0.01，0.001

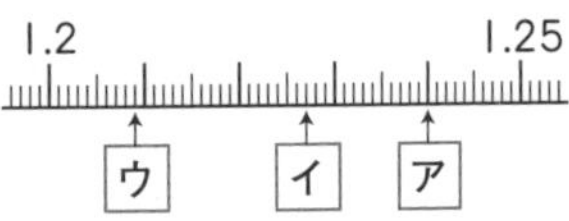

ウ，イ，ア

3 ❶2.4　❷108
❸0.017　❹0.0605

4

エ，ア，ウ，イ

考え方

2 1m＝100cm＝1000mm，1km＝1000m，1kg＝1000g，1t＝1000kg，1L＝1000mLなどから考えます。

❶ 10cm＝0.1m，1cm＝0.01mだから，68cm＝0.68m

❾ 100kg＝0.1tだから，900kg＝0.9t

3 ❶ 10倍すると，位が1けたずつ上がります。

❷ 100倍すると，位が2けたずつ上がります。

4 いちばん小さい1めもりは0.001を表しています。

ハイレベル＋＋

32～33ページ

1 ㋐7.385　㋑7.393　㋒7.402

2 ❶0.008km　❷0.06kg
❸495cm　❹2050mL
❺394g　❻70m

3 ❶3，9　❷0.1，0.01，0.001
❸6139

4 ❶9.01　❷328.5
❸0.04　❹0.0007

5 ❶50こ　❷180こ　❸2600こ

6 ❶3.08　❷92

7 ❶<　❷<　❸>　❹<

8 ❶10倍　❷10000倍

9 エ，イ，オ，ア，ウ

10 7，8，9

11 ❶0.123　❷0.213
❸320.1　❹10.23

考え方

1 いちばん小さい1めもりは0.001を表しています。㋒を7.42としないように注意しましょう。

2 ❹ 1L＝1000mL，0.01L＝10mLだから，2.05L＝2050mL

5 0.01を10こ集めると0.1，100こ集めると1，1000こ集めると10になることから考えます。

6 ❷ 0.001を1000こ集めると1，10000こ集めると10です。

7 数の大小は，大きい位からくらべます。

❶ $\frac{1}{100}$の位をくらべます。

❷ $\frac{1}{1000}$の位をくらべます。2.43の$\frac{1}{1000}$の位は0と考えます。

8 ❶ 位が1けたずつ上がっています。

❷ 位が4けた上がっています。

9 どの数も一の位は4だから，$\frac{1}{10}$の位からくらべると，**イ**，**エ**より**ア**，**オ**が大きく，さらに**ウ**が大きいことがわかります。

10 6はあてはまりません。

11 ❷ 2ばんめに小さい数は0.132です。

❸ 上の位から順に大きい数をならべます。
0と.をいちばん右にはならべないので，321.0や3210.などとすることはできません。

❹ 10より小さくて10にいちばん近い数は，3.201　10より大きくて10にいちばん近い数は，10.23　10に近いのは10.23です。

標準レベル＋　34～35ページ

例題1　① 2.39 ＋ 4.51 ＝ [6].[9]0　② 7.20 ＋ 6.83 ＝ [1][4].[0][3]

1 ❶6.55　❷1.02　❸30.57
❹7.231　❺4.6　❻2.53
❼3.9　❽9.68　❾8.035
❿60.94

2 式 1.25＋0.45＝1.7　答え 1.7L

例題2　① 4.67 － 3.91 ＝ 0.[7][6]　② 8.50 － 2.43 ＝ [6].[0][7]

3 ❶0.69　❷4.3　❸53.89
❹0.572　❺6.15　❻3.063
❼0.81　❽0.039　❾4.17
❿1.946

4 式 1.37－0.48＝0.89　答え 0.89L

考え方

1 ❼ 2.849 ＋1.051 ＝ 3.900　❽ 3.48 ＋6.2 ＝ 9.68
❾ 7.6 ＋0.435 ＝ 8.035　❿ 52 ＋ 8.94 ＝ 60.94

3 ❼ 10.4 － 9.59 ＝ 0.81　❽ 7.52 －7.481 ＝ 0.039
❾ 6 －1.83 ＝ 4.17　❿ 2 －0.054 ＝ 1.946

ハイレベル＋＋　36～37ページ

1 ❶1.12　❷40　❸25.007
❹16.003　❺0.623　❻39.534
❼49.03　❽0.692　❾10.382
❿8.5

2 0.1，0.01，0.001

3 ❶式 1.5＋2.25＝3.75　答え 3.75km
❷式 2.25－1.5＝0.75　答え 0.75km

4 ❶ 4.6[0]8 ＋[0].49[9] ＝ 5.[1]07　❷ 8. － 5.[0]1[6] ＝ [2].9[8]4

5 ❶式 1.15－0.27＝0.88　答え 0.88m
❷式 3－1.15－0.88＝0.97　答え 0.97m

6 式 1.73＋4.5－3.33＝2.9　答え 2.9kg

7 式 2.16＋1.08＋1.008＝4.248
答え 4.248

8 ㋐1.18　㋑1.76

考え方

1 ❾ 1.003－0.14＝0.863
0.863＋9.519＝10.382
❿ 18－0.006＝17.994
17.994－9.494＝8.5

4 ❷ 一の位からのくり下がりに注意します。10－[イ]＝4より[イ]は6
[エ]は9－1＝8
9－[ア]＝9より[ア]は0　[ウ]は7－5＝2

8.000 － 5.[ア]1[イ] ＝ [ウ].9[エ]4

5 ❷ もとの長さから，姉と弟が切り取った長さをそれぞれひきます。

6 米びつと入れた米の重さの和から，米びつと残った米の重さの和をひきます。

7 もとの数は，2.16＋1.08＝3.24
正しい答えは，3.24＋1.008＝4.248

8 右の図の，かげをつけたななめにならぶ3つの数の和は，
0.53＋1＋1.47＝3
いちばん上のだんの横にならぶ3つの数の和も3だから，

1.29	㋐	0.53
㋒	1	㋑
1.47		

㋐は，3－1.29－0.53＝1.18
いちばん左のたてにならぶ3つの数から，
㋒は，3－1.29－1.47＝0.24
まん中のだんの横にならぶ3つの数から，
㋑は，3－0.24－1＝1.76

別かい　かげをつけた3つの数と，いちばん上のだんの横にならぶ3つの数は，どちらも0.53をふくんでいます。したがって，この共通の0.53は省いて考えることができるので，
1.29＋㋐＝1＋1.47
㋐＝1＋1.47－1.29
㋐＝1.18

6章 2けたの数でわるわり算

標準レベル＋ 38〜39ページ

例題1　7，2，2，3，10

1 ❶2　❷7
❸5　❹1あまり30
❺7あまり10　❻5あまり50

例題2

```
       [4]                [4]
21)9 2     ➡     21)9 2
                    [8][4]
                       [8]
```

4，8，4，8，92

2 ❶3　けん算…31×3＝93
❷2あまり1　けん算…42×2＋1＝85

例題3　①

```
     [2]
23)6 4
   [4][6]
   [1][8]
```

②

```
        [5]
38)1 9 4
   [1][9][0]
          [4]
```

3 ❶3　❷3あまり2
❸5あまり6　❹6あまり1
❺8　❻5あまり80
❼4あまり5　❽6
❾7あまり32

考え方

1 10の何こ分で考えます。

❸ 300は10の30こ分，60は10の6こ分だから，300÷60の商は，30÷6の商と等しくなります。

❹ 商は，8÷5の商と等しくなります。
8÷5＝1あまり3　このとき，あまりの3は，10が3こあることを表しているので，実さいのあまりは30です。

2 けん算の式は，
わる数×商＋あまり＝わられる数
あまりが0のときは，
わる数×商＝わられる数 となります。

❶

```
    3
31)93
   93
    0
```

❷

```
    2
42)85
   84
    1
```

3 ❶

```
    3
14)42
   42
    0
```

❷

```
    3
27)83
   81
    2
```

❸

```
    5
13)71
   65
    6
```

❹

```
    6
15)91
   90
    1
```

❺

```
     8
24)192
   192
     0
```

❻

```
     5
81)485
   405
    80
```

❼

```
     4
46)189
   184
     5
```

❽

```
     6
75)450
   450
     0
```

❾

```
     7
34)270
   238
    32
```

ハイレベル＋＋ 40〜41ページ

1 ❶2あまり10　❷8
❸8あまり60

2 ❶3　❷1あまり16
❸2あまり30　❹5あまり3
❺5　❻4あまり11
❼9　❽8あまり33
❾9　❿7あまり20
⓫4あまり58　⓬6あまり22

3 式 210÷30＝7　答え 7まい

4 式 550÷60＝9あまり10
答え 9時間10分

5 式 84÷14＝6　答え 6こ

6 式 500÷84＝5あまり80
答え 5まい買えて，80円残る。

7 式 62×3＋48＝234
234÷26＝9　答え 9

8 ❶

```
           7
[4][9])3[4]3
       3[4][3]
             0
```

❷

```
            6
2[8])[1]6 9
     [1][6][8]
             1
```

9 式 540−76＝464　464÷58＝8
答え 8こ

⑩ 式 20×8+16=176

176÷24=7あまり8 **答え** 8日

考え方

❷ ❺
```
    5
15)75
   75
    0
```
❻
```
    4
14)67
   56
   11
```
❼
```
     9
53)477
   477
     0
```
❽
```
     8
39)345
   312
    33
```
❾
```
     9
56)504
   504
     0
```
❿
```
     7
25)195
   175
    20
```
⓫
```
     4
63)310
   252
    58
```
⓬
```
     6
23)160
   138
    22
```

❹ 1時間=60分です。

❼ わる数×商+あまり=わられる数 の式にあてはめて計算すると，もとの「ある数」は234です。これを26でわって，正しい答えを求めます。

❽ ❶ 3[ウ]3−3[エ][オ]=0より，
```
        7
[ア][イ])3[ウ]3
        3[エ][オ]
            0
```
[ウ]=[エ]，3=[オ]です。

また，[オ]は，[イ]×7の積の一の位です。

7をかけた積の一の位が3になる九九は，9×7=63しかないので，[イ]は9です。

さらに，この63の6は，くり上がって[ア]×7の積にたされて3[エ]となります。

したがって，[ア]×7の積は，24から33までの間にあります。これにあてはまるのは4×7=28だけなので，[ア]は4です。このとき，[エ]は4で，[ウ]も4です。

❷ [イ]69−[ウ][エ][オ]=1より，
```
          6
2[ア])[イ]69
      [ウ][エ][オ]
            1
```
[イ]=[ウ]，6=[エ]，

9−[オ]=1です。

よって，[オ]は8です。

また，[オ]は，[ア]×6の積の一の位ですが，6をかけた積の一の位が8になるのは3×6=18か8×6=48なので，[ア]は3か8です。

[ア]が3のとき

23×6=138

[エ]は3となり，問題にあいません。

[ア]が8のとき

28×6=168

[エ]は6となり，問題にあっています。

このとき，[イ]，[ウ]は1となります。

❾ 全体の重さから箱の重さをひいて，ボールだけの重さを求めると，464gです。これをボール1こあたりの重さ58gでわります。

❿ 1日に20ページ読むのは1日目から8日目まで，そのページ数は，20×8=160(ページ)

これに，9日目に読む16ページをたして，本のページ数は，160+16=176(ページ)

この本を1日に24ページずつ読むとすると，読み終わるのにかかる日数は，

176÷24=7あまり8

7日読んだあとに8ページ残り，それを読むのにもう1日かかるので，必要な日数は，

7+1=8(日)

標準レベル+ 42〜43ページ

例題1
```
     [2]                   2[4]
31)746        →      31)746
   [6][2]                62
   [1][2]                126
                        [1][2][4]
                            [2]
```

1 ❶31 ❷23あまり7

❸16 ❹43あまり10

❺18あまり13 ❻41あまり1

❼14あまり60 ❽25あまり6

❾27あまり27 ❿20あまり15

⓫30あまり10 ⓬70

例題2

①
```
     3[2][1]
26)8346
   78
    54
   [5][2]
     [2][6]
     [2][6]
        [0]
```
②
```
      7[7]
51)3970
   357
    400
   [3][5][7]
     [4][3]
```

2 ❶212あまり30　❷261
❸312あまり11　❹54あまり15
❺71あまり28　❻79あまり3
❼150あまり27　❽107あまり4
❾310　❿200あまり29
⓫80あまり25　⓬90あまり3

考え方

1 商のたつ位に注意して計算します。

❺
```
    18
42)769
   42
   349
   336
    13
```

❻
```
    41
18)739
   72
    19
    18
     1
```

❼
```
    14
63)942
   63
   312
   252
    60
```

❽
```
    25
27)681
   54
   141
   135
     6
```

❾
```
    27
33)918
   66
   258
   231
    27
```

❿
```
    20
24)495
   48
    15
```

⓫
```
    30
17)520
   51
    10
```

⓬
```
    70
13)910
   91
     0
```

2 商のたつ位に注意して計算します。

❺
```
     71
43)3081
   301
     71
     43
     28
```

❻
```
     79
23)1820
   161
    210
    207
      3
```

❼
```
    150
54)8127
   54
   272
   270
     27
```

❽
```
    107
48)5140
   48
    340
    336
      4
```

❾
```
    310
26)8060
   78
    26
    26
     0
```

❿
```
    200
32)6429
   64
     29
```

⓫
```
     80
35)2825
   280
     25
```

⓬
```
     90
18)1623
   162
      3
```

ハイレベル++　44～45ページ

1 ❶23あまり27　❷53あまり3
❸18　❹46あまり1
❺10あまり53　❻30
❼237あまり1　❽108あまり10
❾605　❿120あまり8
⓫59あまり24　⓬70あまり14

2 式 450÷35＝12あまり30
答え 12束できて，30まいあまる。

3 式 7700÷14＝550　答え 550円

4 式 559÷43＝13　答え 13倍

5 ❶
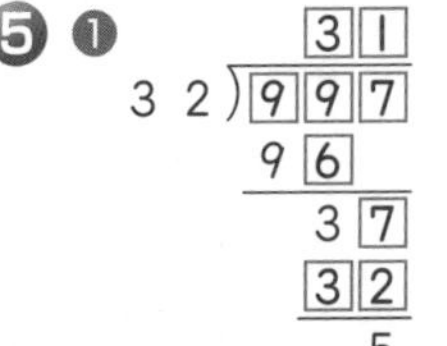

❷
```
     35
24)847
   72
   127
   120
     7
```

6 ❶981　❷5555
❸27　❹46

7 式 18×21＋7＝385
385÷24＝16あまり1
答え 16箱できて，1こあまる。

8 ❶式 195÷15＝13　答え 13km
❷式 624÷13＝48　答え 48L

9 式 9100÷65＝140　7800÷65＝120
140－120＝20　答え 20歩

考え方

1 ❾
```
    605
16)9680
   96
     80
     80
      0
```

❿
```
    120
45)5408
   45
    90
    90
     8
```

⓫
```
     59
54)3210
   270
    510
    486
     24
```

⓬
```
     70
25)1764
   175
     14
```

❺ ❶ 32×[ア]＝9[カ]より，[ア]は3，[カ]は6です。したがって，[ウ][エ]－96＝3となるので，[ウ]は9，[エ]も9です。

　　[ア][イ]
32)[ウ][エ][オ]
　　9[カ]
　　　3[キ]
　　　[ク][ケ]
　　　　5

また，32×[イ]＝[ク][ケ]，3[キ]－[ク][ケ]＝5より，[イ]は1，[ク]は3，[ケ]は2，[キ]は7です。
[オ]＝[キ]より，[オ]は7です。

❷ [イ]4×3＝[ウ][エ]で，[ウ][エ]は84より小さいので，[イ]にあてはまるのは1か2です。

　　　3[ア]
[イ]4)847
　　[ウ][エ]
　　[オ][カ][キ]
　　[ク][ケ][コ]
　　　　7

[イ]が1のとき，
[ウ][エ]は42で，[オ][カ]も42となり，わる数14より大きいので，問題にあいません。
[イ]が2のとき，
[ウ][エ]は72で，[オ][カ]は12となり，これは問題にあっています。
また，[キ]は7だから，[ク][ケ][コ]は120となるので，[ア]は5です。

❻ ❶ [　　]はわられる数だから，
わる数×商＋あまり で計算します。
78×12＋45＝981
❷ 36×154＋11＝5555
❸ わる数は，わられる数÷商で求められます。
702÷26＝27
❹ わられる数からあまりをひいた数は，
3160－32＝3128
したがって，3128÷[　　]＝68となるから，
[　　]は，3128÷68＝46

❼ まず，みかんの数を求めます。

❽ ❷ ❶の答えを使います。ガソリン1Lで13km走るから，624km走るのに必要なガソリンは，
624÷13＝48(L)

❾ 91m＝9100cm，78m＝7800cmとして，それぞれを歩はばでわると，歩数が求められます。

別かい 家から学校までと，家から公園までの道のりの差は，91－78＝13(m)
この長さを歩くときの歩数を求めます。
13m＝1300cmだから，
1300÷65＝20(歩)

例題1

①
　　　　2
417)925
　　834
　　　91

②
　　　　　55
123)6801
　　615
　　　651
　　　615
　　　　36

1 ❶4あまり24　❷2
❸2あまり313　❹5あまり33
❺3　❻6あまり8
❼14あまり88　❽23あまり27
❾18あまり51　❿3あまり48
⓫8　⓬5あまり725

例題2 ①14，7
②1200，100，12

2 ❶9　❷4　❸8
❹5　❺36　❻13

3 ❶100　❷4，500

考え方

1 商のたつ位に注意して計算します。

❾
　　　　18
162)2967
　　162
　　1347
　　1296
　　　51

❿
　　　　3
415)1293
　　1245
　　　48

⓫
　　　　8
653)5224
　　5224
　　　0

⓬
　　　　5
745)4450
　　3725
　　　725

2 ❶ わられる数とわる数を10でわります。
❷❸ わられる数とわる数を100でわります。
❹ わられる数とわる数を7でわります。
70÷14 → 10÷2＝5
❺ わられる数とわる数に4をかけます。
900÷25 → 3600÷100＝36
❻ わられる数とわる数に2をかけます。
650÷50 → 1300÷100＝13

3 終わりに0のある数のわり算では，0を同じ数ずつ消して計算できますが，あまりを求めるときは，消した0の数だけあまりに0をつけます。

ハイレベル++ 48～49ページ

❶ ❶2あまり200　❷3あまり26
❸6あまり39　❹27あまり4
❺28あまり226　❻6

❷ ❶3　❷5
❸7あまり300　❹6あまり6000
❺280　❻18

❸ 式 952÷238＝4　答え 4こ

❹ 式 2000÷105＝19あまり5
答え 19回乗車できて，5円残る。

❺ 式 57600÷3200＝18　答え 18日間

❻ ❶8　❷70　❸1400

❼ ❶
```
          [4]
1[3]7)[5][7][8]
       5[4]8
         3 0
```
❷
```
            [2][3]
2 6 4)[6][1][3][1]
       5[2][8]
         8 5[1]
        [7][9][2]
           5 9
```

❽ 65

❾ 式 25×1920＝48000
48000÷1500＝32　答え 32倍

❿ 式 101×1＋1＝102
101×100＋100＝10200
102＋10200＝10302　答え 10302

⓫ 式 142×65＝9230
9230÷130＝71　答え 71ドル

考え方

❷ ❸ わられる数とわる数の0を2つずつ消して，
31÷4＝7あまり3
あまりは，消した0を2つつけて，300
❻ わられる数とわる数を10でわってから，それぞれに4をかけます。
4500÷250 → 450÷25 → 1800÷100＝18

❻ ❷ 42億
＝420000万
として右のように計算します。

42億÷6000万 ＝420~~000万~~÷6~~000万~~ ＝420÷6 ＝70

❼ ❶ [ウ]7[エ]－5[オ]8＝30
より，[ウ]は5，[エ]は8，
[オ]は4です。
```
          [ア]
1[イ]7)[ウ]7[エ]
       5[オ]8
         3 0
```
また，1[イ]7×[ア]＝548で，7のだんの九九で一の位が8になるのは7×4＝28だけだから，[ア]は4です。
さらに，548÷4＝137だから，[イ]は3です。

❷ 264×[ア]＝5[キ][ク]
だから，[ア]は2です。264×2＝528
より，[キ]は2，[ク]は8です。
```
              [ア][イ]
2 6 4)[ウ][エ][オ][カ]
       5[キ][ク]
         8 5[ケ]
        [コ][サ][シ]
            5 9
```
[ウ][エ][オ]－528＝85より，[ウ]は6，[エ]は1，[オ]は3です。
さらに，264×[イ]＝[コ][サ][シ]で，[コ][サ][シ]は85[ケ]より59小さいから，[イ]は3です。
これによって，[カ]，[ケ]，[コ]，[サ]，[シ]も決まります。

❽ 91000÷700＝130より，8450÷[　　]＝130
したがって，[　　]は，8450÷130＝65

❾ 1500を何倍かした数は，25でわったときの商が1920だから，25×1920＝48000です。
48000が1500の何倍になるかを計算します。

❿ わる数×商＋あまり＝わられる数 の関係を利用します。また，あまりはわる数より小さくなることに注意しましょう。
いちばん小さい数は，商とあまりが1の場合だから，101×1＋1＝102です。
いちばん大きい数は，商とあまりが100の場合だから，101×100＋100＝10200です。

⓫ 1ユーロは142円だから，65ユーロは，
142×65＝9230(円)です。
また，1ドルは130円だから，9230円は，
9230÷130＝71(ドル)です。

7章 垂直・平行と四角形

標準レベル+ 50～51ページ

例題1 ①垂直，㋒，㋖(㋒と㋖は，ぎゃくでもよい。)
②平行，垂直，平行，㋔

1 ❶㋔，㋕　❷㋒，㋗

2 ❶ ❷

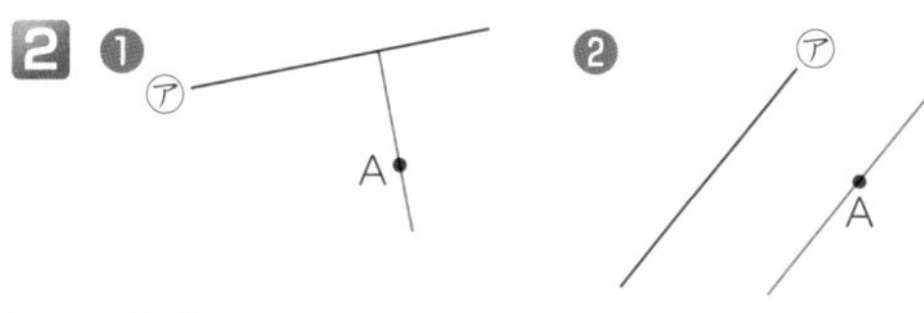

例題2 ①55，180，55，125

②7

3 ❶150°　　❷2cm

考え方

1 三角じょうぎを使って調べます。

❶ ㋐をのばして㋕と交わるようにすると，できる角は直角だから，㋐と㋕も垂直です。

❷ 1組の三角じょうぎで直角をつくり，1つの辺を㋐に合わせてから，じょうぎを動かして平行な直線をさがします。

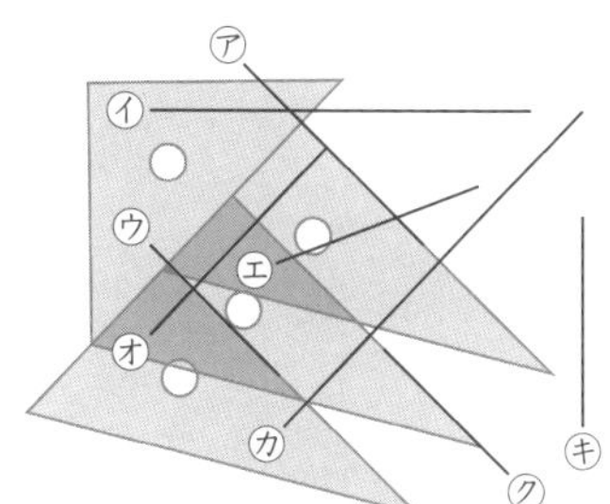

2 1組の三角じょうぎを使ってかきます。

3 ❶ 平行な直線は，ほかの直線と等しい角度で交わるから，右の図で(う)の角度は30°です。

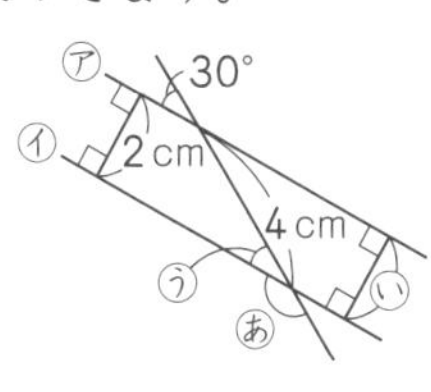

したがって，(あ)の角度は，180°−30°＝150°

ハイレベル++　52～53ページ

1 ❶㋑と㋖，㋓と㋖，㋒と㋔，㋒と㋕

❷㋑と㋓，㋔と㋕

2

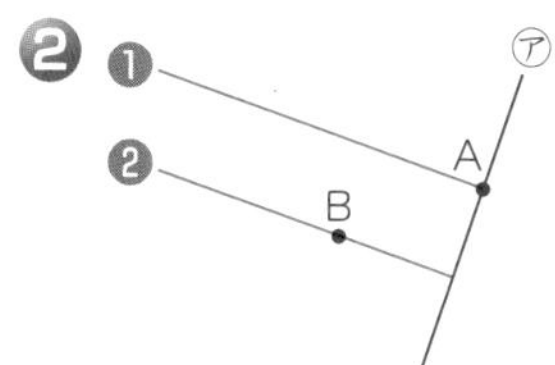

3 ❶辺AB，辺DC　　❷辺BC

4 (あ)65°　(い)115°　(う)65°　(え)65°

5 ❶㋐と㋔，㋑と㋓，㋓と㋖

❷㋑と㋖，㋒と㋕

6 ❶ ❷

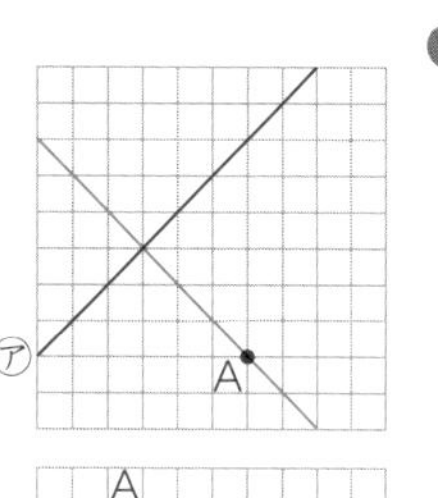

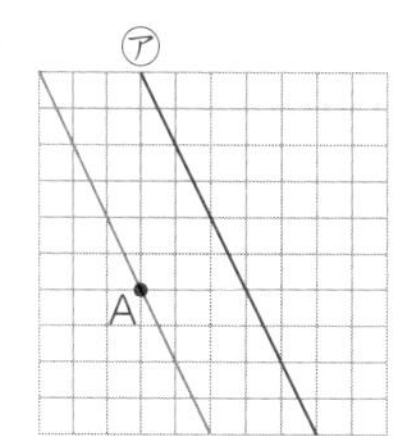

❸

7 ㋒と㋔

8 (あ)125°　(い)55°　(う)55°　(え)55°

考え方

3 ❶ 長方形は，となり合った辺が垂直です。

❷ 長方形は，向かい合った辺が平行です。

4 ㋐と㋒，㋐と㋓，㋑と㋒，㋑と㋓は，すべて等しい角度で交わっています。したがって，(あ)，(う)は65°で，(い)は180°−65°＝115°です。また，(う)と(え)のように，向かい合った角の大きさは等しいので，(え)は65°です。

5 ❶ ㋑は右へ1進むと上へ1進む右上がりの直線，㋓は右へ1進むと下へ1進む右下がりの直線で，交わってできる角は直角だから，㋑と㋓は垂直です。また，㋓と㋖をそれぞれをのばすと，交わってできる角は直角になるので，㋓と㋖は垂直です。

❷ ㋑と㋖はどちらも㋓に垂直だから，㋑と㋖は平行です。また，㋒と㋕は，どちらも右へ2進むと下へ1進む右下がりの直線で，かたむきぐあいが同じなので，どこまでのばしても交わりません。したがって，㋒と㋕は平行です。

6 ❶ 点Aを通り，右へ1進むと下へ1進む右下がりの直線をかきます。

❷ 点Aを通り，右へ1進むと下へ2進む右下がりの直線をかきます。

❸ もう1つの頂点は，点Aから右へ6，下へ2進んだところです。

7 直線㋐と直線㋔が交わってできる角のうち，

105°の角のとなりの角は，180°−105°＝75°
したがって，㋒と㋔は，直線㋐と等しい角度で交わっているので平行です。

❽ 平行な直線が3本あっても，考え方は同じです。

標準レベル＋　54～55ページ

例題1　1，㋒，㋓，2，㋑，㋔（㋒と㋓はぎゃくでもよい。㋑と㋔はぎゃくでもよい。）

1 台形…㋐，㋔　　平行四辺形…㋑，㋒

例題2　①BC，9，BA，4
②A，115，B，65

2 ❶辺AD…8cm，辺CD…6cm
❷角C…80°，角D…100°

例題3　①等しい，7，7
②A，150，B，30

3 ❶辺AD…5cm，辺CD…5cm
❷角C…110°，角D…70°

例題4　○，○，×，長方形

4 ひし形

考え方

4 四角形の種類ごとに，対角線についてかならずあてはまる特ちょうをまとめると，下の表のようになります。

対角線の特ちょう＼四角形	台形	平行四辺形	ひし形	長方形	正方形
長さが等しい				○	○
それぞれの真ん中の点で交わる		○	○	○	○
2本が垂直である			○		○

ハイレベル＋＋　56～57ページ

❶ ㋐ひし形　㋑長方形　㋒正方形
㋓平行四辺形　㋔台形

❷ ❶　❷

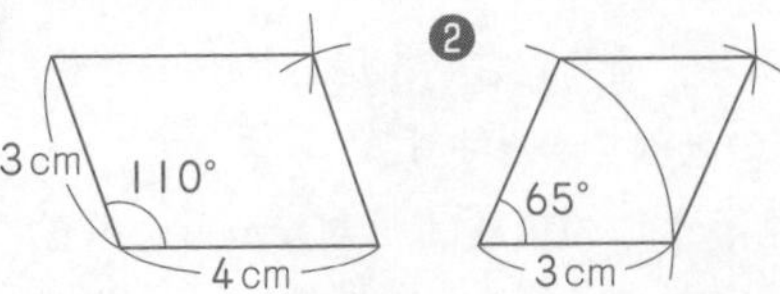

❸ ❶34cm　❷(あ)75°　(い)105°

❹ ❶ひし形　❷正方形　❸台形

❺ ❶ウ，オ　❷イ，ウ
❸ア，イ，ウ，オ　❹ウ，オ
❺イ，ウ

❻ ❶ひし形　❷

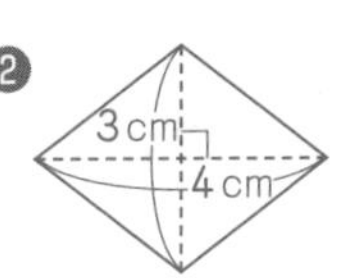

❼

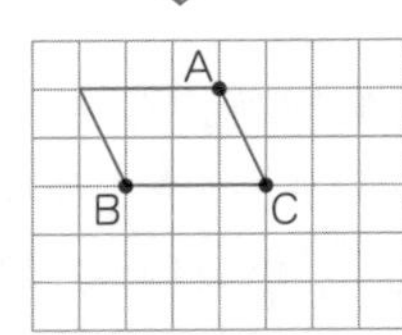

❽ ❶長方形　❷平行四辺形

考え方

❸ ❶ 向かい合った辺の長さは等しいから，辺BCの長さは7cm，辺CDの長さは10cmです。
❷ 辺ABと辺DCは平行だから，(あ)の角は75°
また，平行四辺形の角Cは180°−75°＝105°で，向かい合った角の大きさは等しいから，(い)の角は105°

❹ ❶ 対角線は，それぞれの真ん中の点で，垂直に交わっています。
❷ 対角線の長さが等しく，それぞれの真ん中の点で，垂直に交わっています。
❸ 右の図のように，対角線の長さが等しい台形になります。

❻ ❶ 対角線が3cmと4cmで，それぞれの真ん中の点で垂直に交わるから，ひし形です。

❼ となり合う2辺が，それぞれABとBC，ACとBC，ABとACになるようにかきます。

❽ ❶ 対角線はADとBEで，長さが等しく，それぞれの真ん中の点で交わっています。
❷ 対角線はCFとGHで，それぞれの真ん中の点で交わっています。

思考力育成問題　58~59ページ

❶金曜日と日曜日に作る数のちがい

❷①40　②50
③300　④3

❸⑤210　⑥70

❹⑦110　⑧120

❺⑨50　⑩10
⑪360　⑫3
⑬120　⑭70
⑮110

考え方

❶ 問題の図では，金曜日，土曜日，日曜日をたてにならべてかくことで，ちがいがはっきりわかるようになっています。会話文で，㋐のすぐ上の行に，オレンジの部分について，「金曜日と土曜日に作る数のちがい」であると書かれているので，それにならって書きましょう。

❷ ①，②，③は図を見て数をあてはめます。
土曜日に作る数は金曜日より40こ多く，日曜日に作る数は金曜日より50こ多いから，①は40，②は50です。
③は3日間で作る全部の数だから，300です。
また，土曜日に作る数から40をひいたものと，日曜日に作る数から50をひいたものは，どちらも金曜日に作る数と等しくなるので，③から①と②をひいた数は，金曜日に作る数の3倍になります。したがって，④は3です。

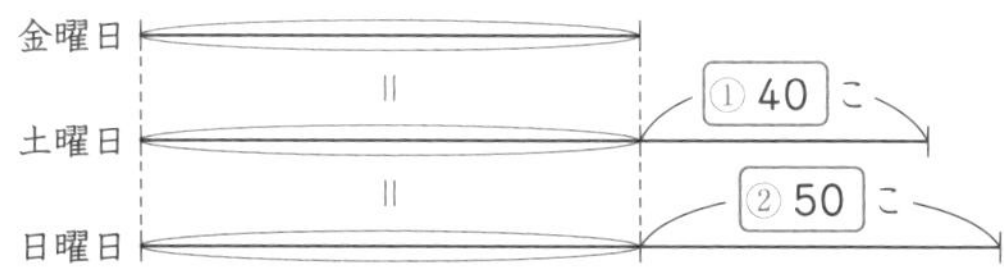

❸ ❷より，300−40−50=210
したがって，⑤は210で，これが金曜日に作る数の3倍になるから，金曜日に作る数は，
210÷3=70(こ)
だから，⑥は70です。

❹ 土曜日，日曜日に作る数は，金曜日に作る数とのちがいから計算します。
土曜日に作る数は，70+40=110(こ)で，
日曜日に作る数は，70+50=120(こ)です。
だから，⑦は110，⑧は120です。

❺ ⑨は，金曜日と日曜日に作る数のちがいだから，50です。また，⑩は，土曜日と日曜に作る数のちがいです。土曜日は金曜日より40こ多いから，土曜日と日曜日のちがいは，50−40=10(こ)
したがって，⑩は10です。
そして，金曜に作る数に50をたしたものと，土曜日に作る数に10をたしたものは，どちらも日曜日に作る数と等しくなるので，3日間で作る全部の数300に，50と10をたした数は，日曜日に作る数の3倍になります。
つまり，⑪は，300+50+10=360より，360で，これが日曜日に作る数の3倍を表しています。
したがって，日曜日に作る数は360を3でわればよいので，360÷3=120
だから，⑫は3で，⑬は120です。
また，金曜日に作る数は，120−50=70(こ)で，
土曜日に作る数は，120−10=110(こ)です。
だから，⑭は70，⑮は110です。

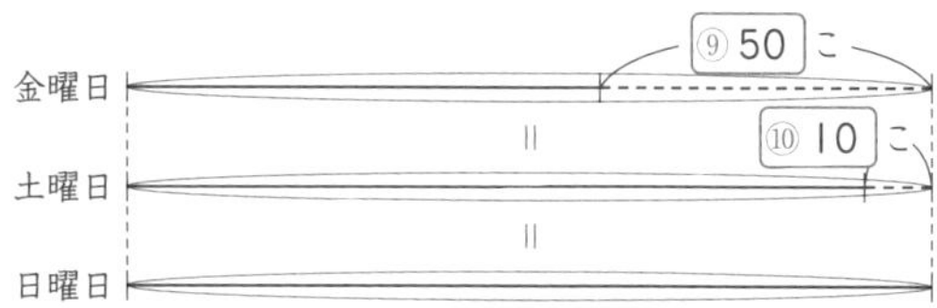

8章 割合

標準レベル+　60~61ページ

例題1 ①60，12，5　答え 5
②12，3，36　答え 36
③60，4，15　答え 15

1 ❶式 432÷72=6　答え 6倍
❷式 72×4=288　答え 288ページ
❸式 432÷9=48　答え 48ページ

例題2 ①12，6，2，8，2，4　答え トラ
②3，15，105，15，7　答え 7

2 式 270÷90=3　240÷60=4
答え B

3 式 2×8=16　960÷16=60
答え 60円

考え方

1 ❶ 画集のページ数をもとにしたときの，辞書のページ数の割合を求めます。
割合＝くらべられる量÷もとにする量 です。
❷ くらべられる量＝もとにする量×割合 です。
❸ もとにする量＝くらべられる量÷割合 です。

2 もとの長さがちがうので，割合でくらべます。Aはもとの長さの3倍，Bは4倍にのびるので，Bのほうがよくのびるといえます。

3 別かい 960÷8＝120　120÷2＝60

ハイレベル++　62〜63ページ

❶ ❶式 126÷42＝3　答え 3
❷式 42×5＝210　答え 210まい
❸式 126÷18＝7　答え 7まい

❷ 式 18000÷400＝45
20000÷500＝40　答え 土のうA

❸ ❶式 5×7＝35　答え 35
❷式 5250÷35＝150　答え 150mL

❹ ❶17　❷41
❸1008　❹390

❺ 式 3000−250＝2750
2750÷250＝11　答え 11倍

❻ 式 2700÷200＝13あまり100
13×5＝65　答え 65ポイント

❼ 式 350−30＝320　320÷5＝64
64−30＝34　答え 34まい

❽ 式 1＋2＋6＝9　468÷9＝52
52×6＝312　答え 312人

考え方

❷ 単位をgにそろえて，18kg＝18000g，20kg＝20000gとして計算します。土のうAは45倍，土のうBは40倍にふくらむので，Aのほうがふくらみ方が大きいといえます。

❸ ❷ 5L250mL＝5250mLとして計算します。

❹ ❶ 833÷49＝17
❷ 984万÷24万＝41
❸ 28×36＝1008
❹ 5460÷14＝390

❺ もとにする量は，家からゆう便局までの道のりで，くらべられる量は，ゆう便局からデパートまでの道のりです。

❻ セールを行っていない日は，2700円の買い物で13ポイントたまります。木曜日にたまるポイントはその5倍になります。

❼ 順番に計算します。
弟に30まいあげたあとの，なおとさんの切手の数は，350−30＝320(まい)
これが弟の切手の数の5倍になるから，弟の切手の数は，320÷5＝64(まい)
弟がはじめに持っていた切手の数は，
64−30＝34(まい)

❽ Bを選んだ人は，Aを選んだ人の2倍で，Cを選んだ人は，Aを選んだ人の2×3＝6(倍)だから，Aを選んだ人数を1とみると，Bは2，Cは6にあたります。したがって，アンケートに回答した468人は，1＋2＋6＝9より，9にあたります。
このとき，1にあたる人数は，468÷9＝52(人)
これはAを選んだ人数だから，Cを選んだ人数はその6倍で，52×6＝312(人)です。

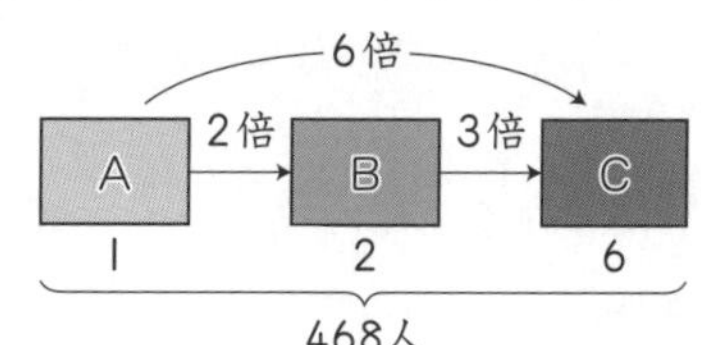

9章 式と計算

標準レベル+　64〜65ページ

例題1 ①340，160
②42，2，44

1 ❶27　❷13　❸1350
❹6　❺355　❻790
❼1550　❽40　❾71
❿260

2 式 1000−220×4＝120　答え 120円

例題2 ①4，4，4，48，1248
②5，5，5，40，760

3 ❶9，9　❷15，6
❸100　❹100

4 ❶2369　❷4590
❸686　❹2400

5 式 (9＋100)×31＝3379　答え 3379g

考え方

1 ❸ 180÷2×15＝90×15
①　②
＝1350

❹ 180÷(2×15)＝180÷30
①　②
＝6

❺ 300＋11×5＝300＋55
①　②
＝355

❾ 10×5＋7×3＝50＋21
①　②　③
＝71

❿ 10×(5＋7×3)＝10×(5＋21)
①　②　③
＝10×26
＝260

2 (出したお金)－(ケーキ4この代金)＝(おつり)の式にあてはめます。

4 分配のきまりを使って計算します。

❶ 103×23＝(100＋3)×23
＝100×23＋3×23
＝2300＋69
＝2369

❹ 96×25＝(100－4)×25
＝100×25－4×25
＝2500－100
＝2400

5 (9＋100)×31＝9×31＋100×31
＝279＋3100
＝3379

ハイレベル＋＋　66〜67ページ

1 ❶280　❷13　❸6600
❹49　❺51　❻46
❼219　❽1830

2 ❶2828　❷8613
❸25100　❹5964

3 ❶イ　❷ウ　❸ア

4 ❶38　❷998
❸7　❹262

5 ❶1900　❷56000

6 ❶÷　❷×

7 ❶5×(4＋3)×2＝70
❷(2×72－12)÷6＝22

8 ❶式 160×3÷15＝32　答え 32ページ
❷式 (90000－4500×6)÷12＝5250
答え 5250円

考え方

1 ❻ 94－6×(3＋5)＝94－6×8
①　②　③
＝94－48
＝46

❼ 250－(7×5－4)＝250－(35－4)
①　②　③
＝250－31
＝219

❽ 61×(38－32÷4)＝61×(38－8)
①　②　③
＝61×30
＝1830

2 ❸ 1004×25＝(1000＋4)×25
＝1000×25＋4×25
＝25000＋100
＝25100

❹ 994×6＝(1000－6)×6
＝1000×6－6×6
＝6000－36
＝5964

4 ❶ 228÷(138÷23)＝228÷6
＝38

❷ 1015－561÷(11×3)＝1015－561÷33
＝1015－17
＝998

❸ (228＋97)÷13－18＝325÷13－18
＝25－18
＝7

❹ 5571÷(74－65)－17×21＝5571÷9－17×21
＝619－357
＝262

5 分配のきまりを使います。

❶ 61×19＋39×19＝(61＋39)×19
＝100×19
＝1900

❷ 1234×56－234×56＝(1234－234)×56
＝1000×56

$=56000$

❻ ＋，－，×，÷をそれぞれあてはめて計算し，答えが正しくなるものをさがします。

❼ ❶ (　)の書き方としては，$(5\times4+3)\times2$，$5\times(4+3)\times2$，$5\times(4+3\times2)$などがあり，計算の結果が70になるものをさがします。

❽ ❷ 残りの金がくを12か月で積み立てることになるので，毎月の積み立て金がくは，(90000円－これまで積み立てた金がく)÷12

標準レベル＋　68〜69ページ

例題1 ①84，84，100，157
②4，4，100，700

1 ❶139　❷389　❸1493
❹1700　❺8700　❻39000
❼600　❽900　❾2000
❿7000

例題2 6300

2 ❶720　❷4800　❸21000

例題3 ①－，67　②÷，6

3 ❶75　❷74　❸43
❹7　❺427　❻13

考え方

1 交かんのきまりや結合のきまりを使って，100や1000など，きりのよい数をつくると，計算がかんたんになります。かけ算では，$25\times4=100$や$125\times8=1000$などがよく使われます。

❸ $144+493+856=144+856+493$
$=1000+493$
$=1493$

❻ $39\times125\times8=39\times(125\times8)$
$=39\times1000$
$=39000$

❼ $25\times24=25\times(4\times6)$
$=(25\times4)\times6$
$=100\times6$
$=600$

❾ $125\times16=125\times(8\times2)$
$=(125\times8)\times2$
$=1000\times2$
$=2000$

2 ❸ $30\times700=3\times10\times7\times100$
$=3\times7\times10\times100$
$=3\times7\times1000$
$=21000$

3 ❷ □－29＝45　□＝45＋29　□＝74
❸ 132－□＝89　□＝132－89　□＝43
❹ 14×□＝98　□＝98÷14　□＝7
❺ □÷7＝61　□＝61×7　□＝427
❻ 234÷□＝18　□＝234÷18　□＝13

ハイレベル＋＋　70〜71ページ

❶ ❶2550　❷7789
❸89　❹14.5
❺1100　❻12000
❼2100　❽31000

❷ アとウ

❸ ❶504　❷25200
❸252000

❹ ❶160000　❷120000
❸4000000

❺ ❶177　❷258
❸179　❹56
❺308200　❻340

❻ ❶30　❷6400
❸6300　❹45000
❺7800　❻3700

❼ ❶7　❷180
❸16　❹2400

❽ ❶式 1000－□×4＝520　答え 120
❷式 450×12÷□＝180　答え 30
❷式 □×7＋32＝18×13＋1　答え 29

考え方

❶ ❷ $3350+2789+1650=3350+1650+2789$
$=5000+2789$
$=7789$

❸ $79+6.9+3.1=79+(6.9+3.1)$
$=79+10$
$=89$

❹ $2.2+4.5+7.8=2.2+7.8+4.5$

$=10+4.5$
$=14.5$

❼ $84\times25=(21\times4)\times25$
$=21\times(4\times25)$
$=21\times100$
$=2100$

❽ $248\times125=(31\times8)\times125$
$=31\times(8\times125)$
$=31\times1000$
$=31000$

2 **ア〜エ**は，すべて7×5＝35の計算をもとに考えることができます。かけられる数とかける数にある0の数の合計が等しい式をさがします。
0の数の合計は，**ア**…2，**イ**…4，**ウ**…2，**エ**…3だから，答えが等しいのは**ア**と**ウ**です。

3 ❶ $28\times18=28\times9\times2$　252の2倍です。
❸ $280\times900=28\times9\times1000$

4 ❸ $800\times5000=8\times5\times100000=4000000$

5 ❸ $540-□=361$　$□=540-361$
$□=179$
❻ $9860\div□=29$　$□=9860\div29$
$□=340$

6 ❸ $6\times25\times3\times14=(2\times3)\times25\times3\times(2\times7)$
$=(2\times2\times25)\times(3\times3\times7)$
$=100\times63$
$=6300$

❺ $52\times78+78\times48=52\times78+48\times78$
$=(52+48)\times78$
$=100\times78$
$=7800$

❻ $37\times173-73\times37=173\times37-73\times37$
$=(173-73)\times37$
$=100\times37$
$=3700$

7 順にもどして考えます。

❶ $□\times4+2=30$
$□\times4=30-2$
$□\times4=28$
$□=28\div4$
$□=7$

❷ $□\div9-7=13$
$□\div9=13+7$
$□\div9=20$
$□=20\times9$
$□=180$

❸ $(□-11)\times8=40$
$□-11=40\div8$
$□-11=5$
$□=5+11$
$□=16$

❹ $350\times□\div500=1680$
$350\times□=1680\times500$
$350\times□=840000$
$□=840000\div350$
$□=2400$

8 ❶ $1000-□\times4=520$
$□\times4=1000-520$
$□\times4=480$
$□=480\div4$
$□=120$

❷ $450\times12\div□=180$
$5400\div□=180$
$□=5400\div180$
$□=30$

❸ わられる数＝わる数×商＋あまり　だから，
$□\times7+32=18\times13+1$
$□\times7+32=235$
$□\times7=235-32$
$□\times7=203$
$□=203\div7$
$□=29$

10章 がい数

標準レベル＋　72〜73ページ

例題1　①百，3，58000，2，8，60000
②250，349，250，350

1 ❶4000　❷17000
❸50000　❹3000
❺80000　❻100000

2 46500以上47499以下

例題2　①800，1300
②2500，900，1600
③500，200000
④6000，30，200

3 ❶4000　❷2000

❸92000　❹4000

4 ❶12000　❷40
❸280000　❹300

考え方

1 ❶〜❸は百の位，❹〜❻は上から2けためを四捨五入します。

❸ 50088 → 000　❻ 95141 → 100000

2 いちばん小さい整数は46500で，いちばん大きい整数は47499です。以上も以下も，その数をふくむから，46500以上47499以下となります。

3 ❶ 1000+3000=4000
❷ 6000−4000=2000
❸ 27000+65000=92000
❹ 31000−27000=4000

4 ❶ 300×40=12000
❷ 800÷20=40
❸ 700×400=280000
❹ 9000÷30=300

ハイレベル++　74〜75ページ

❶ ❶80000　❷390000
❸1300000　❹60000
❺240000　❻1000000

❷ ウ，エ

❸ ❶1030000　❷740000
❸5600000　❹60

❹

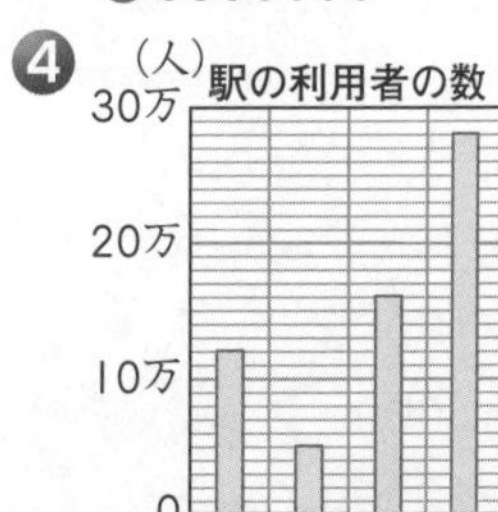

❺ 1950km以上2050km未満

❻ ❶9200　❷20000

❼ ❶ウ　❷イ

❽ 式 140000÷70=2000　答え 約2000円

❾ 31524，31542，32145

考え方

❸ ❶ 480000+550000=1030000
❷ 1140000−400000=740000
❸ 8000×700=5600000
❹ 30000÷500=60

❺ **注意** 「1950km以上2049km以下」は正しくありません。たとえば，2049.5kmはこのはんいには入りませんが，百の位までのがい数にしたときは2000kmになります。

❻ ❶ 3200+2500+3500=9200
❷ 99000−33000−46000=20000

❼ 各商品のねだんについて，
アは，上から2けためを四捨五入しています。
イは，上から2けためを切り捨てています。
ウは，上から2けためを切り上げています。
❶ 多めに見積もって，合計が2000円以下であれば，実さいの合計はそれより少ないので，2000円でたりることになります。
❷ 少なめに見積もって，合計が1500円以上であれば，実さいの合計はそれより多いので，くじがひけることになります。

❾ 千の位までのがい数にしたとき，32000になる整数のはんいは，31500以上32500未満です。このはんいで，カードをならべてできる整数を小さい順に3つ書いていきます。

11章 面積

標準レベル+　76〜77ページ

例題1 ①5，15　②4，4，16

1 ❶$48cm^2$　❷$49cm^2$

例題2 24，24，4，6，6

2 13cm

例題3 ①1，2，2，2，4
②1，3，1，3，4　③3，2，6，2，4

3 ❶$50cm^2$　❷$200cm^2$

考え方

2 たての長さを□cmとすると，
□×12=156
□=156÷12

$\square=13$

ポイント 長方形の面積＝たて×横　だから，
たて＝長方形の面積÷横
横＝長方形の面積÷たて
となります。

3 ❶ $8\times4+3\times(10-4)=32+18$
$=50(\text{cm}^2)$

別かい（べつ） $3\times10+(8-3)\times4=30+20=50$，
$8\times10-(8-3)\times(10-4)=80-30=50$
など。あとの問題も，同じようにいろいろな考え方で求めることができます。

❷ $15\times20-10\times(20-5-5)=300-100$
$=200(\text{cm}^2)$

ハイレベル++　78～79ページ

1 ㋐6cm^2　㋑5cm^2

2 ❶$114\text{cm}^2$　❷$121\text{cm}^2$

3 16cm

4 ❶$38\text{cm}^2$　❷$450\text{cm}^2$
❸$368\text{cm}^2$　❹$218\text{cm}^2$

5 ❶$5\text{cm}^2$　❷$144\text{cm}^2$

6 ❶$751\text{cm}^2$　❷$1380\text{cm}^2$

7 18

8 ❶$120\text{cm}^2$　❷$365\text{cm}^2$

考え方

1 1辺が1cmの正方形が何こあるか数えます。㋑は，右の図のように三角形を動かすと，正方形5こ分になるので，5cm^2です。

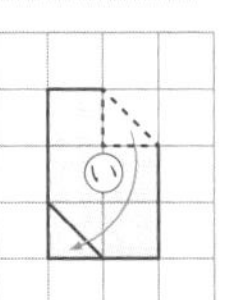

2 ❷ 1辺の長さは，$44\div4=11(\text{cm})$
面積は，$11\times11=121(\text{cm}^2)$

3 正方形の面積は，$8\times8=64(\text{cm}^2)$
面積が64cm^2で，たてが4cmの長方形の横の長さは，$64\div4=16(\text{cm})$

4 ❶ $3\times(8-3-3)+4\times8=6+32=38(\text{cm}^2)$

❷ 次の図のように3つに分けて計算すると，
$15\times10+(20-10)\times10+20\times10$
$=150+100+200$
$=450(\text{cm}^2)$

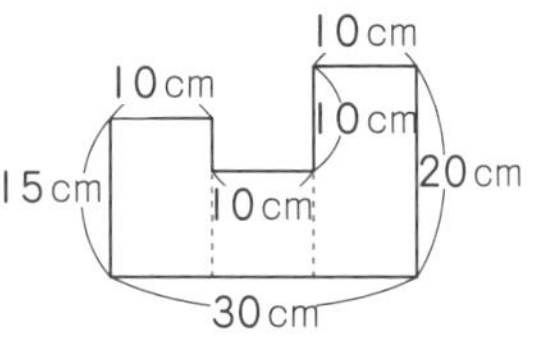

❸ $20\times10+(20-8)\times(32-10-12)$
$+(20-8-8)\times12$
$=200+120+48$
$=368(\text{cm}^2)$

❹ 右の図のように，大きな長方形から，2つの長方形を取りのぞいた形と考えると，

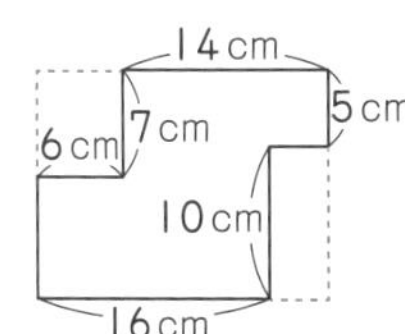

$(5+10)\times(6+14)-7\times6-10\times(6+14-16)$
$=300-42-40$
$=218(\text{cm}^2)$

5 ❶ 右の図で，㋐の三角形を2こあわせると，たて1cm，横2cmの長方形ができるから，その面積は2cm^2

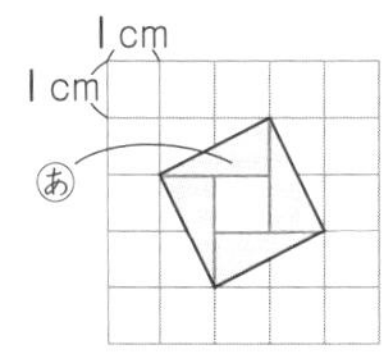

㋐の三角形は4こあるから，色をつけた部分の面積は4cm^2です。これに1辺が1cmの正方形の面積をたして，$4+1=5(\text{cm}^2)$

❷ たてと横の長さの和は，$50\div2=25(\text{cm})$
だから，横の長さは，$25-9=16(\text{cm})$
面積は，$9\times16=144(\text{cm}^2)$

6 ❶ $20\times40-7\times7=800-49=751(\text{cm}^2)$

❷ 色をぬった部分をよせてまとめると，たてが$38-8=30(\text{cm})$，横が$54-8=46(\text{cm})$の長方形になります。面積は，$30\times46=1380(\text{cm}^2)$

7 図形の面積は，
$24\times10+15\times(30-10)=540(\text{cm}^2)$
直線**アイ**で図形を分けたとき，右がわの部分はたて15cm，横□cmの長方形で，面積は，
$540\div2=270(\text{cm}^2)$だから，$\square=270\div15=18$

8 ❶ 3cmずつ重なるようにはり合わせるから，3まいはり合わせたときの横の長さは，
$10+(10-3)+(10-3)=24(\text{cm})$
面積は，$5\times24=120(\text{cm}^2)$

❷ はり合わせる紙が1まいふえると，できる長

方形の横の長さは7cmふえます。だから，10まいはり合わせたときの横の長さは，

10＋7×(10－1)＝73(cm)

面積は，5×73＝365(cm²)

標準レベル＋　80〜81ページ

例題1　①4，12，10000，10000，120000

②8，64，1000000，1000000，64000000

1 54m²

2 85km²

3 ❶250000m²　❷2500a，25ha

例題2　①10，10，10

たて (cm)	1	2	3	4	5	6	7	8	9
横 (cm)	9	8	7	6	5	4	3	2	1
面積(cm²)	9	16	21	24	25	24	21	16	9

②5，5，正方，25

4 ふえる，へる

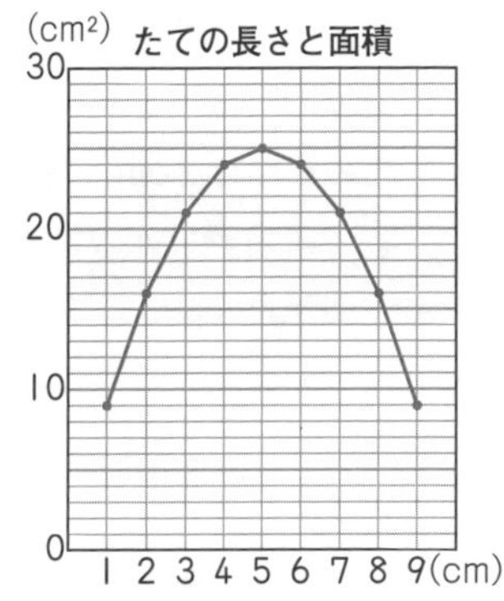

考え方

1 単位をmにそろえて計算します。

600cm＝6mだから，9×6＝54(m²)

2 単位をkmにそろえて計算します。

5000m＝5kmだから，17×5＝85(km²)

3 ❶ 正方形の1辺の長さは，

2000÷4＝500(m)

面積は，500×500＝250000(m²)

❷ 1a＝10m×10m＝100m²だから，

250000÷100＝2500(a)

また，1ha＝100m×100m＝10000m²だから，

250000÷10000＝25(ha)

ハイレベル＋＋　82〜83ページ

1 ❶2m²　❷18km

2 ❶30000　❷7000000

❸19　❹680

❺95　❻410

❼8200　❽56

3 ❶

たて (cm)	1	2	3	4	5	6	7	8	9	10	11	12	13
横 (cm)	13	12	11	10	9	8	7	6	5	4	3	2	1
面積(cm²)	13	24	33	40	45	48	49	48	45	40	33	24	13

❷7cm　❸大きくなる。

4 ❶37　❷730

❸5106

5 15

6 ❶2250m²　❷15m

7 ❶

横 (cm)	1	2	3	4	5	6
面積(cm²)	2	4	6	8	10	12

❷2，3

考え方

1 ❶ 250×80＝20000(cm²)

1m²＝100cm×100cm＝10000cm²

だから，20000÷10000＝2(m²)

❷ 234÷13＝18(km)

2 ❷ 1km²＝1000m×1000m＝1000000m²

だから，7×1000000＝7000000(m²)

❺ 1a＝100m²だから，9500÷100＝95(a)

❻ 1ha＝10000m²だから，

4100000÷10000＝410(ha)

❼ 1ha＝100aだから，82×100＝8200(a)

❽ 5600÷100＝56(ha)

4 ❶ 1m²＝10000cm²だから，

750000cm²＝75m²

❷ 1a＝100m²，1ha＝100aだから，

5ha＋23000m²＝500a＋230a＝730a

❸ 1km²＝1000000m²，1a＝100m²

だから，

46km²＋4600000m²＋4600a

＝46000000m²＋4600000m²＋460000m²

＝51060000m²

1ha＝10000m²だから，

51060000÷10000＝5106(ha)

❺ 図形は，たて11m，横□mの長方形と，たて16m，横10mの長方形に分けられます。
面積の関係から，
11×□＋16×10＝325
11×□＝325－160
11×□＝165
□＝165÷11
□＝15

❻ ❶ 土地の面積は，45×60＝2700(m^2)
㋑の面積は㋐の面積の5倍だから，土地の面積は㋐の面積の6倍になります。したがって，
㋐の面積は，2700÷6＝450(m^2)
㋑の面積は，450×5＝2250(m^2)

❼ ❷ 横の長さが1cm → 2cmと2倍になると，面積は2cm^2 → 4cm^2と2倍になります。横の長さが2cm → 4cmのとき，3cm → 6cmのときも面積は2倍になります。
また，横の長さが1cm → 3cmと3倍になると，面積は2cm^2 → 6cm^2と3倍になります。横の長さが2cm → 6cmのときも，面積は3倍になります。

思考力育成問題 84～85ページ

❶安
❷(左から順に)800，700，500，500，300
❸❹下の表

種類	ロールケーキ	モンブラン	いちごショート	チーズケーキ	シュークリーム	がい数のねだんの和(円)
ねだん(円)	756	648	486	442	248	
がい数のねだん(円)	800	700	500	500	300	
買うケーキ(○じるし)	○	○				1500
	○		○			1300
	○			○		1300
	○				○	1100
		○	○			1200
		○		○		1200
		○			○	1000
			○	○		1000
			○		○	800
				○	○	800

❺モンブランとシュークリーム，
いちごショートとチーズケーキ，
いちごショートとシュークリーム，
チーズケーキとシュークリーム

考え方

❶ 切り上げたがい数にすると，どのケーキのねだんも実さいのねだんより高くなります。つまり，実さいの代金は，がい数で見積もった代金より安くなります。
❷ 十の位を切り上げるので，どのケーキのねだんも百の位が1大きくなります。
❸ 表を横に見たときに，どの行にも○が2つならび，たてに見たときに，どの列にも○が4つならぶようにします。
❺ がい数のねだんの和が1000円以下であれば，予算内におさまることになります。

12章 分数

標準レベル＋ 86～87ページ

例題1 ①カ，エ，オ
②2，1，イ，5，5，イ

1 真分数…ウ，オ　仮分数…イ，カ
帯分数…ア，エ

2 仮分数…$\frac{11}{6}$m　帯分数…$1\frac{5}{6}$m

3 ❶$1\frac{2}{7}$　❷$5\frac{3}{4}$　❸7

4 ❶$\frac{13}{9}$　❷$\frac{14}{3}$　❸$\frac{43}{8}$

5 ❶>　❷<　❸>

例題2 ①$\frac{1}{2}$，$\frac{2}{4}$(順番はぎゃくでもよい。)
②小さい，大きい，$\frac{2}{5}$，$\frac{2}{4}$，$\frac{2}{3}$

6 ❶$\frac{2}{6}$　❷$\frac{3}{6}$，$\frac{3}{5}$，$\frac{3}{4}$

考え方

2 1めもりは$\frac{1}{6}$mで，その11こ分だから$\frac{11}{6}$m
また，1mと$\frac{5}{6}$mの和で表されるので$1\frac{5}{6}$mです。
3 仮分数の分子を分母でわったときの商が，帯分数の整数部分で，あまりが分子になります。

❶ 9÷7=1あまり2だから，$\frac{9}{7}=1\frac{2}{7}$

❷ 23÷4=5あまり3だから，$\frac{23}{4}=5\frac{3}{4}$

❸ 42÷6=7だから，$\frac{42}{6}=7$

4 帯分数の整数部分が，分子1の分数の何こ分かを考えるので，帯分数の分母×整数部分＋分子が，仮分数の分子になります。

❶ 9×1+4=13だから，$1\frac{4}{9}=\frac{13}{9}$

❷ 3×4+2=14だから，$4\frac{2}{3}=\frac{14}{3}$

❸ 8×5+3=43だから，$5\frac{3}{8}=\frac{43}{8}$

5 ❶ 整数部分をくらべます。

❷ 分母が同じ分数は，分子が大きいほど大きくなります。

❸ $4\frac{3}{7}$を仮分数になおすか，$\frac{30}{7}$を帯分数になおしてくらべます。

6 ❷ 分子が同じ分数は，分母が大きいほど小さくなります。

ハイレベル++　88～89ページ

1 ㋐帯分数…$2\frac{2}{5}$　仮分数…$\frac{12}{5}$

㋑帯分数…$3\frac{4}{5}$　仮分数…$\frac{19}{5}$

㋒帯分数…$4\frac{3}{5}$　仮分数…$\frac{23}{5}$

2 ❶11　❷13　❸$\frac{1}{6}$

3 ❶$6\frac{2}{3}$　❷$\frac{13}{10}$　❸$\frac{18}{7}$

❹5　❺$\frac{25}{6}$　❻$7\frac{7}{9}$

4 ❶<　❷=　❸>

❹>　❺<　❻=

5 $\frac{11}{12}$，$\frac{11}{13}$，$\frac{11}{14}$

6 ❶8，9　❷2，3　❸5

7 6こ

8 ❶$\frac{45}{60}$　❷$\frac{9}{12}$　❸$\frac{3}{4}$

9 ❶$\frac{27}{8}$，$\frac{27}{7}$，4　❷$\frac{17}{6}$，$\frac{16}{5}$，$\frac{9}{2}$

❸$\frac{5}{9}$，$\frac{7}{9}$，$\frac{7}{8}$　❹$\frac{2}{15}$，$\frac{3}{13}$，$\frac{4}{11}$

考え方

1 1めもりは，2と3の間を5等分しているから$\frac{1}{5}$です。

2 ❸ □を18こ集めると3だから，□を6こ集めると1です。だから，□は$\frac{1}{6}$です。

4 ❸ 4×9=36だから，$9=\frac{36}{4}$です。

❻ 数直線を使ってくらべると，1を4等分した大きさと，1を8等分した2こ分の大きさは，等しいことがわかります。

5 分子が11の真分数だから，分母は11より大きい数になります。また，分子が同じ分数は，分母が大きいほど小さくなります。

6 ❶ □は7より大きい整数です。

❷ □は4より小さい整数です。

❸ 数直線を使って調べます。

7 $\frac{1}{2}$と等しいのは，分子が分母の半分になっている分数だから，$\frac{2}{4}$，$\frac{3}{6}$，$\frac{4}{8}$，$\frac{5}{10}$，$\frac{6}{12}$，$\frac{7}{14}$

8 ❷ 文字ばんの1から12の数字に注目します。長いはりは，60分で0(12)から12まで1周し，45分では0から9まで進みます。

❸ 1周は4直角で，45分は3直角です。

9 ❶ 分子が同じだから，$\frac{27}{8}<\frac{27}{7}$

$\frac{27}{7}=3\frac{6}{7}$だから，$\frac{27}{7}<4$

したがって，$\frac{27}{8}<\frac{27}{7}<4$

❷ $\frac{9}{2}=4\frac{1}{2}$，$\frac{16}{5}=3\frac{1}{5}$，$\frac{17}{6}=2\frac{5}{6}$です。

❸ 分子が同じだから，$\frac{7}{9}<\frac{7}{8}$　分母が同じだから，$\frac{5}{9}<\frac{7}{9}$　したがって，$\frac{5}{9}<\frac{7}{9}<\frac{7}{8}$

❹ たとえば，分母が11，15で，分子が3の分数である$\frac{3}{11}$と$\frac{3}{15}$を考えます。

分子が同じだから，$\frac{3}{15}<\frac{3}{13}<\frac{3}{11}$

また，分母が同じだから，

$\frac{2}{15}<\frac{3}{15}$，$\frac{3}{11}<\frac{4}{11}$

つまり，$\frac{2}{15}<\frac{3}{15}<\frac{3}{13}<\frac{3}{11}<\frac{4}{11}$となります。

標準レベル＋　90〜91ページ

例題1　①4，6，$\frac{6}{5}\left(1\frac{1}{5}\right)$　②5，4，$\frac{4}{7}$

1 ❶$\frac{10}{9}\left(1\frac{1}{9}\right)$　❷$\frac{11}{6}\left(1\frac{5}{6}\right)$　❸$\frac{7}{4}\left(1\frac{3}{4}\right)$

❹$\frac{13}{5}\left(2\frac{3}{5}\right)$　❺$\frac{27}{8}\left(3\frac{3}{8}\right)$　❻$3\left(\frac{9}{3}\right)$

2 ❶$\frac{5}{6}$　❷$1\left(\frac{2}{2}\right)$　❸$\frac{3}{4}$

❹$\frac{4}{5}$　❺$\frac{13}{9}\left(1\frac{4}{9}\right)$　❻$5\left(\frac{15}{3}\right)$

3 式 $\frac{8}{7}+\frac{12}{7}=\frac{20}{7}$　答え $\frac{20}{7}\left(2\frac{6}{7}\right)$m

例題2　①《A》7，$4\frac{2}{5}$　《B》14，$\frac{22}{5}$

②《A》5，$1\frac{5}{7}$　《B》13，$\frac{12}{7}$

4 ❶$5\frac{3}{4}\left(\frac{23}{4}\right)$　❷$2\frac{1}{3}\left(\frac{7}{3}\right)$　❸$5\frac{3}{8}\left(\frac{43}{8}\right)$

❹$5\frac{3}{7}\left(\frac{38}{7}\right)$　❺$5\frac{4}{9}\left(\frac{49}{9}\right)$　❻$6\left(\frac{36}{6}\right)$

5 ❶$1\frac{3}{5}\left(\frac{8}{5}\right)$　❷$2\frac{1}{6}\left(\frac{13}{6}\right)$　❸$3\frac{3}{7}\left(\frac{24}{7}\right)$

❹$1\frac{2}{9}\left(\frac{11}{9}\right)$　❺$2\frac{3}{8}\left(\frac{19}{8}\right)$　❻$2\frac{3}{4}\left(\frac{11}{4}\right)$

考え方

1 ❻ $\frac{4}{3}+\frac{5}{3}=\frac{9}{3}=3$

2 ❷ $\frac{3}{2}-\frac{1}{2}=\frac{2}{2}=1$

❻ $\frac{20}{3}-\frac{5}{3}=\frac{15}{3}=5$

4 帯分数のままの計算と，仮分数になおす計算のどちらもできるように練習しましょう。

❻ $2\frac{5}{6}+3\frac{1}{6}=5\frac{6}{6}=6$

5 帯分数のまま計算する場合，分数部分がひけないときは，整数部分から1くり下げます。

❹ $5\frac{1}{9}-3\frac{8}{9}=4\frac{10}{9}-3\frac{8}{9}=1\frac{2}{9}$

ハイレベル＋＋　92〜93ページ

1 ❶$\frac{20}{3}\left(6\frac{2}{3}\right)$　❷$\frac{23}{10}\left(2\frac{3}{10}\right)$　❸$9\left(\frac{18}{2}\right)$

❹$\frac{9}{8}\left(1\frac{1}{8}\right)$　❺$1\left(\frac{15}{15}\right)$　❻$3\left(\frac{63}{21}\right)$

2 ❶$4\frac{1}{4}\left(\frac{17}{4}\right)$　❷$8\left(\frac{40}{5}\right)$　❸$5\frac{6}{11}\left(\frac{61}{11}\right)$

❹$10\left(\frac{80}{8}\right)$　❺$\frac{3}{4}$　❻$6\left(\frac{18}{3}\right)$

❼$1\frac{7}{11}\left(\frac{18}{11}\right)$　❽$\frac{6}{7}$　❾$1\frac{2}{5}\left(\frac{7}{5}\right)$

3 ❶式 $8\frac{1}{5}+\frac{3}{5}=8\frac{4}{5}$　答え $8\frac{4}{5}\left(\frac{44}{5}\right)$時間

❷式 $8\frac{1}{5}-\frac{3}{5}=7\frac{3}{5}$

答え $7\frac{3}{5}\left(\frac{38}{5}\right)$時間

❸式 $24-8\frac{1}{5}=15\frac{4}{5}$

答え $15\frac{4}{5}\left(\frac{79}{5}\right)$時間

4 ❶$3\frac{5}{6}\left(\frac{23}{6}\right)$　❷$8\frac{1}{4}\left(\frac{33}{4}\right)$

❸$\frac{5}{12}$　❹$\frac{7}{9}$

5 ❶$1\frac{5}{8}\left(\frac{13}{8}\right)$　❷$11\left(\frac{77}{7}\right)$

❸ $5\frac{2}{3}\left(\frac{17}{3}\right)$　❹$3\frac{3}{5}\left(\frac{18}{5}\right)$

6 式 $2-\frac{4}{8}-\frac{9}{8}=\frac{3}{8}$　答え $\frac{3}{8}$L

7 式 $3\frac{6}{9}-1\frac{4}{9}=2\frac{2}{9}$　$2\frac{2}{9}-1\frac{4}{9}=\frac{7}{9}$

答え $\frac{7}{9}$

8 5

考え方

❸ ❸ 1日は24時間です。

❹ ❷ $1\frac{3}{4}+2\frac{3}{4}+3\frac{3}{4}=3\frac{6}{4}+3\frac{3}{4}=6\frac{9}{4}$

$=8\frac{1}{4}$

左から順に計算するのがきほんですが，なれたら3つをまとめて計算してもよいでしょう。

別かい1 $1\frac{3}{4}+2\frac{3}{4}+3\frac{3}{4}$

$=(1+2+3)+\left(\frac{3}{4}+\frac{3}{4}+\frac{3}{4}\right)$

$=6+\frac{3+3+3}{4}=6\frac{9}{4}=8\frac{1}{4}$

別かい2 $1\frac{3}{4}+2\frac{3}{4}+3\frac{3}{4}=\frac{7}{4}+\frac{11}{4}+\frac{15}{4}$

$=\frac{7+11+15}{4}=\frac{33}{4}$

❹ $7\frac{1}{9}-2\frac{5}{9}-3\frac{7}{9}=\frac{64}{9}-\frac{23}{9}-\frac{34}{9}$

$=\frac{64-23-34}{9}=\frac{7}{9}$

❺ たし算とひき算の計算の関係を使います。

❶ $\square+2\frac{2}{8}=3\frac{7}{8}$より，

$\square=3\frac{7}{8}-2\frac{2}{8}=1\frac{5}{8}$

❷ $\square-2\frac{4}{7}=8\frac{3}{7}$より，

$\square=8\frac{3}{7}+2\frac{4}{7}=10\frac{7}{7}=11$

❸ $1\frac{2}{3}+\square=7\frac{1}{3}$より，

$\square=7\frac{1}{3}-1\frac{2}{3}=6\frac{4}{3}-1\frac{2}{3}=5\frac{2}{3}$

❹ $6\frac{1}{5}-\square=2\frac{3}{5}$より，

$\square=6\frac{1}{5}-2\frac{3}{5}=5\frac{6}{5}-2\frac{3}{5}=3\frac{3}{5}$

❻ はじめの2Lから，きのう飲んだ量ときょう飲んだ量をひけば，残った量が求められます。

$2-\frac{4}{8}-\frac{9}{8}=\frac{16}{8}-\frac{4}{8}-\frac{9}{8}=\frac{3}{8}$(L)

❼ もとのある数は，$3\frac{6}{9}$から，まちがえてたした$1\frac{4}{9}$をひいて求めます。その答えから$1\frac{4}{9}$をひくと，正しい答えになります。

❽ 分母が□の分数のたし算と考えると，

$\frac{1}{\square}+\frac{2}{\square}+\frac{3}{\square}+\frac{4}{\square}=\frac{1+2+3+4}{\square}=\frac{10}{\square}$

したがって，$\frac{10}{\square}=2$となるので，□にあてはまる数は5です。

13章 小数のかけ算とわり算

標準レベル＋ 94～95ページ

例題1 ①72，10，7.2
②84，100，0.84

1 ❶0.6 ❷2.8 ❸2
❹0.08 ❺0.81 ❻0.36

例題2
① 4.3 × 6 = [2][5].[8]
② 1.72 × 5 = [8].[6]0̸

2 ❶11.6 ❷52 ❸95.9
❹37.62 ❺0.72 ❻46.8

例題3
① 1.9 × 52：[3][8]，[9][5]，[9][8].[8]
② 2.48 × 37：[1][7][3][6]，[7][4][4]，[9][1].[7][6]

3 ❶280.8 ❷376 ❸481.5
❹17.48 ❺165.51 ❻378

4 式 1.8×12=21.6 答え 21.6L

考え方

1 ❸ 4×5÷10=2
❻ 12×3÷100=0.36

2 積の小数点は，かけられる数にそろえてうちます。

❷ 6.5 × 8 = 52.0̸
❻ 9.36 × 5 = 46.80̸

小数点より下の位では，右はしの0は消します。

3 ❷ 9.4 × 40 = 376.0̸
❸ 32.1 × 15：1605，321，481.5

❺
$$\begin{array}{r} 6.13 \\ \times\ \ 27 \\ \hline 4291 \\ 1226\ \ \\ \hline 165.51 \end{array}$$

❻
$$\begin{array}{r} 5.04 \\ \times\ \ 75 \\ \hline 2520 \\ 3528\ \ \\ \hline 378.00 \end{array}$$

ハイレベル++　96~97ページ

❶ ❶0.56　❷0.99　❸71.1
❹70　❺14.04　❻40.1
❼570　❽2595.4　❾2410
❿6.02　⓫282.6　⓬300

❷ ❶158.2　❷30.16

❸ 式 1.9×6=11.4　答え 11.4kg

❹ 式 0.45×18=8.1　答え 8.1km

❺ ❶41.601　❷46
❸5822.56　❹278.4

❻ ❶
$$\begin{array}{r} 4\ \boxed{6}.7 \\ \times\ \ \ \ \ \ \boxed{8} \\ \hline 3\ 7\ 3.6 \end{array}$$
❷
$$\begin{array}{r} \boxed{0}.3\ \boxed{5} \\ \times\ \ \ \ \ \ 9 \\ \hline \boxed{3}.\boxed{1}\ 5 \end{array}$$

❼ 2, 7

❽ 式 1−0.14×6=0.16　答え 0.16L

❾ ❶式 0.18×3=0.54　答え 0.54kg
❷式 0.18×9+0.54×12+2.35=10.45
答え 10.45kg

考え方

❶ ❾
$$\begin{array}{r} 96.4 \\ \times\ \ 25 \\ \hline 4820 \\ 1928\ \ \\ \hline 2410.0 \end{array}$$
⓬
$$\begin{array}{r} 6.25 \\ \times\ \ 48 \\ \hline 5000 \\ 2500\ \ \\ \hline 300.00 \end{array}$$

❷ ❶ かけ算を先に計算します。
0.2+31.6×5=0.2+158=158.2
❷ (　)の中を先に計算します。
(4.12−1.8)×13=2.32×13=30.16

❺ ❶
$$\begin{array}{r} 5.943 \\ \times\ \ \ \ 7 \\ \hline 41.601 \end{array}$$
❷
$$\begin{array}{r} 2.875 \\ \times\ \ 16 \\ \hline 17250 \\ 2875\ \ \\ \hline 46.000 \end{array}$$
❸
$$\begin{array}{r} 9.64 \\ \times 604 \\ \hline 3856 \\ 5784\ \ \ \ \\ \hline 5822.56 \end{array}$$
❹
$$\begin{array}{r} 0.384 \\ \times\ \ 725 \\ \hline 1920 \\ 768\ \ \\ 2688\ \ \ \ \\ \hline 278.400 \end{array}$$

❻ ❶ [イ]×7の積の一の位が6だから，[イ]にあてはまるのは8です。
$$\begin{array}{r} 4\ \boxed{ア}.7 \\ \times\ \ \ \ \ \ \boxed{イ} \\ \hline 3\ 7\ 3.6 \end{array}$$
また，8×7=56で，くり上がった5と[イ]×[ア]の積の和の一の位が3になるので，[イ]×[ア]の積の一の位は8です。8×1=8，8×6=48より，[ア]として考えられるのは1か6なので，それぞれあてはめてみると，[ア]は6とわかります。

❷ 9×[イ]の積の一の位が5だから，[イ]にあてはまるのは5です。
$$\begin{array}{r} \boxed{ア}.3\ \boxed{イ} \\ \times\ \ \ \ \ \ 9 \\ \hline \boxed{ウ}.\boxed{エ}\ 5 \end{array}$$
9×5=45で，くり上がった4と9×3=27の和は31だから，[エ]は1です。さらに，くり上がった3と9×[ア]の積の和が，1けたの数[ウ]になるので，あてはまるのは，[ア]が0で，[ウ]は3です。

❼ 0.15×4，0.25×4，0.35×4，…とあてはめていき，積が整数になるものをさがします。

❾ ❷ 1つの式にまとめず，1つずつ別の式に書いてもかまいません。
0.18×9=1.62　0.54×12=6.48
1.62+6.48+2.35=10.45

標準レベル+　98~99ページ

例題1 ①7, 10, 0.7
②5, 100, 0.05

1 ❶0.4　❷0.9　❸2.1
❹0.03　❺0.07　❻0.23

例題2 ①
$$\begin{array}{r} 1.\boxed{8} \\ 4\,\overline{)\,7.2} \\ 4\ \ \ \\ \hline \boxed{3}\boxed{2} \\ \boxed{3}\boxed{2} \\ \hline 0 \end{array}$$
②
$$\begin{array}{r} 0.5\ \boxed{7} \\ 6\,\overline{)\,3.4\ 2} \\ 3\ 0\ \ \ \\ \hline \boxed{4}\boxed{2} \\ \boxed{4}\boxed{2} \\ \hline 0 \end{array}$$

2 ❶2.9　❷12.3　❸7.3
❹1.13　❺0.62　❻0.088

例題3

①
```
     [3.8]
23)87.4
   [6][9]
   [1][8][4]
   [1][8][4]
         0
```

②
```
    [0.27]
34)9.18
   [6][8]
   [2][3][8]
   [2][3][8]
           0
```

3 ❶4.3　❷1.6　❸0.8
❹0.27　❺0.06　❻0.003

4 式 25.5÷15=1.7　答え 1.7L

考え方

1 ❸ 84÷4÷10=21÷10=2.1
❻ 46÷2÷100=23÷100=0.23

2 商の小数点は，わられる数にそろえてうちます。

❶
```
   2.9
3)8.7
  6
  27
  27
   0
```

❷
```
   12.3
8)98.4
  8
  18
  16
   24
   24
    0
```

❸
```
   7.3
5)36.5
  35
   15
   15
    0
```

❹
```
   1.13
7)7.91
  7
   9
   7
   21
   21
    0
```

❺
```
   0.62
9)5.58
  54
   18
   18
    0
```

❻
```
   0.088
4)0.352
    32
     32
     32
      0
```

一の位以上に商がたたないときは，0.と書きます。

3 商がたつ位に注意しましょう。

❶
```
    4.3
21)90.3
   84
    63
    63
     0
```

❷
```
    1.6
39)62.4
   39
   234
   234
     0
```

❸
```
    0.8
46)36.8
   368
     0
```

❹
```
    0.27
17)4.59
    34
    119
    119
      0
```

❺
```
    0.06
14)0.84
     84
      0
```

❻
```
    0.003
83)0.249
     249
       0
```

ハイレベル++　100〜101ページ

1 ❶1.3　❷0.08　❸20.7
❹7.4　❺1.02　❻0.91
❼0.063　❽1.9　❾0.7
❿0.34　⓫0.09　⓬0.006

2 ❶5.4　❷2.8

3 式 27.2÷8=3.4　答え 3.4kg

4 式 6.75÷25=0.27　答え 0.27kg

5 ❶0.32　❷0.05
❸0.041　❹0.007

6 ❶
```
   [2].[3]
4)[9].[2]
  8
  1 2
  [1][2]
     0
```

❷
```
        [2].6
3[7])9 [6].[2]
     [7]4
      2 2 2
     [2][2][2]
          0
```

7 ア，ウ，エ

8 式 (2−0.08)÷12=0.16　答え 0.16kg

9 7.3と3.9

考え方

1 ❼
```
   0.063
8)0.504
    48
     24
     24
      0
```

❿
```
    0.34
26)8.84
   78
   104
   104
     0
```

⓫
```
    0.09
54)4.86
   486
     0
```

⓬
```
    0.006
39)0.234
     234
       0
```

2 ❶ □=16.2÷3=5.4
❷ □=19.6÷7=2.8

5 ❶

```
       0.32
289)92.48
     867
      578
      578
        0
```

❷

```
       0.05
745)37.25
     3725
        0
```

❸

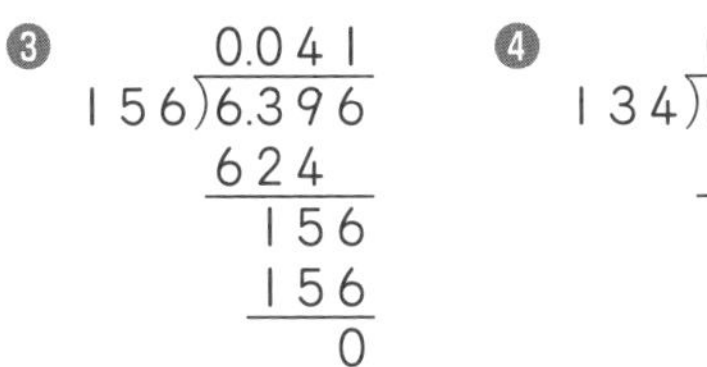

```
       0.041
156)6.396
     624
      156
      156
        0
```

❹

```
       0.007
134)0.938
      938
        0
```

6 ❶ ウ−8＝1より，ウは9
また，エは2だから，わり算の式は9.2÷4です。
これを計算して，ほかのマスをうめていきます。

```
     ア.イ
4)ウ.エ
   8
   1 2
   オ カ
      0
```

❷ 9ウ−オ4＝22より，
ウは6，オは7
また，3イ×ア＝74で，
これをみたすのは，
37×2＝74だから，
イは7，アは2です。
さらに，エは2だから，わり算の式は
96.2÷37です。

```
          ア.6
3イ)9 ウ.エ
     オ 4
     2 2 2
     カ キ ク
           0
```

7 商が1より小さくなるというのは，わられる数の中からわる数を1こもとれないということだから，わられる数よりわる数のほうが大きいということです。あてはまるのは，**ア**と**ウ**と**エ**です。

8 全体の重さから箱の重さをひくと，ボール12この重さになります。それを12でわります。

9 2つの小数のうち，大きいほうを□，小さいほうを○とします。
2つの小数の和から，□＋○＝11.2
2つの小数の差から，□−○＝3.4
このことから，11.2＋3.4＝□＋○＋□−○
＝□＋□
＝□×2
つまり，□の2倍は，11.2＋3.4＝14.6です。
だから，□は，14.6÷2＝7.3
□＋○＝11.2から，7.3＋○＝11.2
○＝11.2−7.3
○＝3.9

標準レベル＋ 102～103ページ

例題1

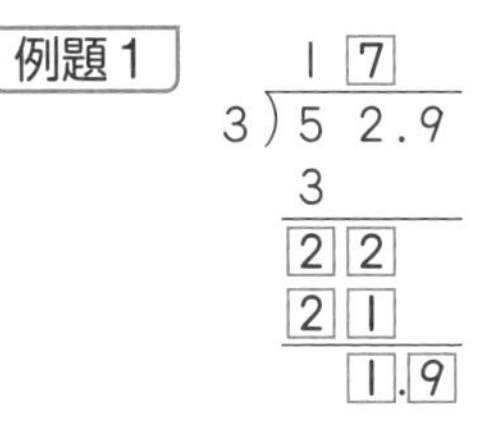

```
    1 7
3)5 2.9
  3
  2 2
  2 1
    1.9
```

17，1.9，17，1.9，52.9

1 ❶6あまり1.3
けん算　4×6＋1.3＝25.3
❷3あまり10.3
けん算　12×3＋10.3＝46.3

例題2

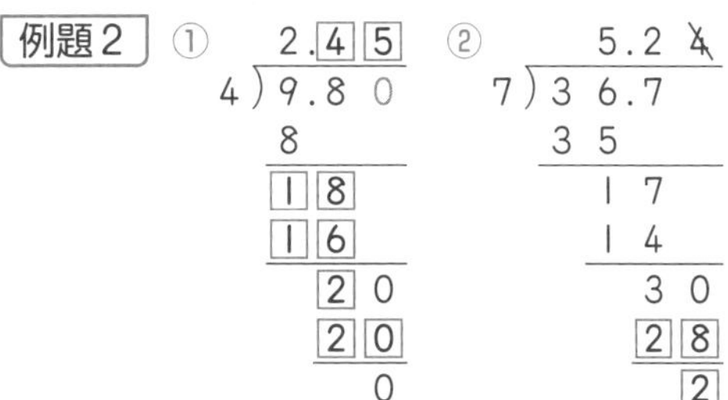

①

```
    2.4 5
4)9.8 0
  8
  1 8
  1 6
    2 0
    2 0
      0
```

②

```
      5.2 4
7)3 6.7
  3 5
    1 7
    1 4
      3 0
      2 8
        2
```

3，5.2

2 ❶0.35　❷6.2　❸1.45

3 ❶8　❷5　❸1

例題3 ①50，20，2.5　**答え** 2.5
②20，50，0.4　**答え** 0.4

4 **式** 180÷120＝1.5　**答え** 1.5倍

考え方

1 あまりの小数点は，わられる数にそろえてうちます。
けん算は，わる数×商＋あまり＝わられる数　の式にあてはめます。

❶

```
    6
4)25.3
  24
   1.3
```

❷

```
      3
12)46.3
   36
   10.3
```

2 0をつけたして計算を続けます。

❶

```
   0.35
8)2.8
  24
   40
   40
    0
```

❷

```
   6.2
5)31
  30
   10
   10
    0
```

❸
```
      1.45
12)17.4
   12
    54
    48
     60
     60
      0
```

3 商は，上から1けたのがい数で表すので，上から2けためまで求めて四捨五入します。

❶
```
    8.3
6)50
  48
   20
   18
    2
```

❷
```
       4.6 (5)
80)375
   320
    550
    480
     70
```

❸
```
     1.4
27)39.6
   27
   126
   108
    18
```

4 ガムのねだんをもとにするから，

(チョコレートのねだん)÷(ガムのねだん)です。

ハイレベル++ 104〜105ページ

1 ❶14あまり0.6　❷9あまり3.1

❸5あまり12.3

2 ❶9.75　❷1.632　❸0.025

❹0.375　❺3.125　❻0.875

3 ❶ $\frac{1}{10}$の位まで…3.1，上から2けた…3.1

❷ $\frac{1}{10}$の位まで…0.6，上から2けた…0.65

4 式 32.5÷7=4あまり4.5

答え 4本とれて4.5mあまる。

5 式 4.5÷6=0.75　答え 0.75kg

6 式 16.5÷18=0.91…　答え 約0.9kg

7 ❶式 170÷136=1.25　答え 1.25倍

❷式 136÷170=0.8　答え 0.8倍

8 1，4，7

9 式 27×2÷15=3.6　答え 3.6L

10 式 37.8÷90=0.42　答え 0.42

考え方

2 ❸
```
     0.025
68)1.70
   136
    340
    340
      0
```

❻
```
     0.875
48)420
   384
    360
    336
     240
     240
       0
```

3 ❷ 筆算は，右のようになります。

```
     0.649
53)34.4
   318
    260
    212
     480
     477
       3
```

上から2けたのがい数で表すときは，上から3つめの9を四捨五入して，0.65となります。

注意 上から3つめは4ではなく，9です。一の位の0は位取りを表すためのもので，この0は数えません。つまり，1より小さい小数では，一の位から続く0は，上から○つめの位というときに数えません。たとえば，1.02の2は上から3つめですが，0.02の2は上から1つめということになります。

8 右のわり算が$\frac{1}{10}$の位でわりきれるのは，2□が3でわりきれるときです。

```
    15.
3)47.□
  3
  17
  15
   2□
```

十の位が2となる2けたの整数のうち，3でわりきれるのは21，24，27です。

9 (1Lのガソリンで走る道のり)×(ガソリンの量)

=(道のり)

だから，

(ガソリンの量)

=(道のり)÷(1Lのガソリンで走る道のり)

です。おうふくするので，道のりは27kmの2倍になります。

10 10倍するところをまちがえて100倍したので，100−10=90より，正しい答えより大きくなった分は，もとの数の90倍にあたります。

思考力育成問題　106〜107ページ

❶①8100　②3900
③4200　㋐おとな2人
❷④2　⑤2100
❸⑥1800　㋑子ども2人
❹⑦2　⑧900
❺⑨410　⑩290
⑪2　⑫60
⑬3　⑭110

考え方

❶ 問題の図のように，上下にならべてかくことでくらべやすくなります。同じ部分をとりのぞくと，残るのはおとな2人の入園料であることがわかります。

❷ おとな2人の入園料を2でわって，おとな1人の入園料を求めます。

❸ れんさんの家の入園料の合計は，子ども2人とおとな1人の料金だから，おとな1人の料金をひくと，子ども2人の入園料になります。

❹ 子ども2人の入園料を2でわって，子ども1人の入園料を求めます。

❺ ❶〜❹と同じように，2人の代金の同じところに注目して考えます。どちらもノート1さつとえん筆3本を買っているので，代金の合計の差は，えん筆2本のねだんになります。これを2でわればえん筆1本のねだんが求められます。
したがって，えん筆1本のねだんは，
(410−290)÷2=60(円)
また，まみさんの代金は，ノート1さつとえん筆3本のねだんだから，ここからえん筆3本のねだんをひけば，ノート1さつのねだんが求められます。
したがって，ノート1さつのねだんは，
290−60×3=110(円)

14章　変わり方

標準レベル+　108〜109ページ

例題1　①へって，16，15，14
②20，20　③20，20，9

1 ❶

はった数(まい)	1	2	3	4	5
残りの数(まい)	31	30	29	28	27

❷□+○=32　❸23まい

例題2　①右の図
②13
③1

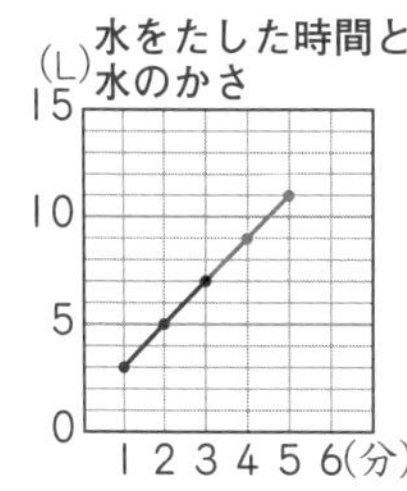

2 ❶右の図
❷20kg
❸2kg

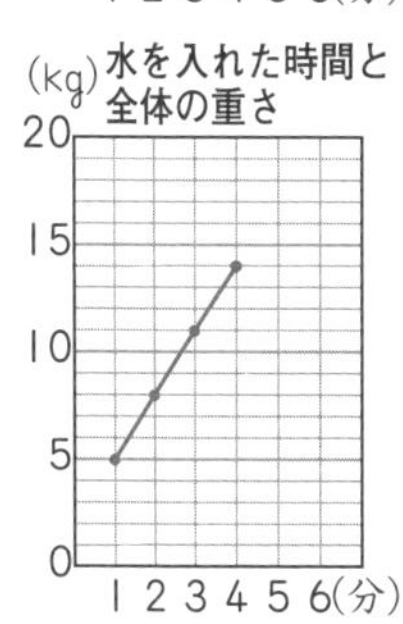

考え方

1 ❷ 表をたてに見ると，はったシールの数と残りのシールの数の和は，いつも32です。
❸ ❷の式の□に9をあてはめます。
9+○=32
○=32−9
○=23

2 ❷ 折れ線グラフは直線になっています。これを右上にのばしていき，6分のところを読み取ると，20kgです。
❸ グラフを左下にのばしていき，0分のたての線とぶつかるところを読み取ると，2kgです。

ハイレベル++　110〜111ページ

1 ❶

りくさんの年れい(才)	4	5	6	7	8	9	10
いとこの年れい(才)	0	1	2	3	4	5	6

❷□−○=4

❷ ❶

だんの数　(だん)	1	2	3	4	5	6	7
まわりの長さ(cm)	6	12	18	24	30	36	42

❷6cmずつふえる。

❸□×6=○　　❹210cm

❸ ❶右の図

❷7分後

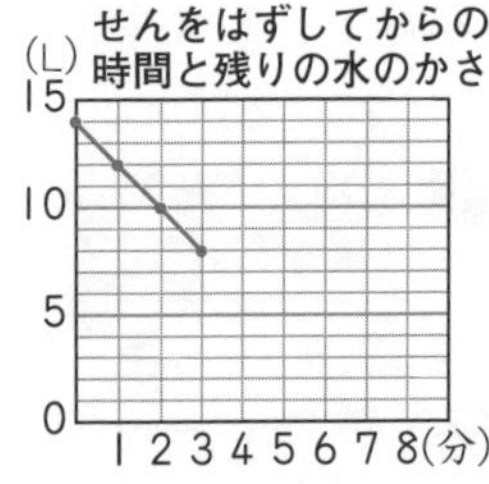

❹ ❶

正方形の数　(こ)	1	2	3	4	5	6	7
まわりの長さ(cm)	5	7	9	11	13	15	17

❷3+□×2=○

❸53cm　　❹36こ

考え方

❶ ❷ 年れいの差はいつも4才です。

❷ ❸ まわりの長さは，いつもだんの数の6倍になっています。

❹ 35×6=210(cm)

❸ ❷ 折れ線グラフを右下にのばしていき，残りのかさが0Lになるところを読み取ると，7分です。

❹ ❷ 正方形が0このときは，正三角形だけだから，まわりの長さは3cmです。正方形が1こふえるごとに，まわりの長さは2cmずつふえていくから，3+□×2=○

別かい 正方形が1このときのまわりの長さは5cmです。正方形が1こふえるごとに，まわりの長さは2cmずつふえていきます。正方形が□このときは，1このときよりにくらべて□−1(こ)ふえていることになるので，

5+(□−1)×2=○

と表すこともできます。

❸ 3+25×2=53(cm)

❹ 3+□×2=75

□×2=75−3

□×2=72

□=72÷2

□=36

15章 直方体と立方体

標準レベル＋　112〜113ページ

例題1 ①2，6，6，5，6

②4，12，12　　③8

❶ ❶4つ　　❷8つ

❸2つ　　❹4つ

❺3つ

例題2 ①オエ

②ケク

③ア，ケ(順番はぎゃくでもよい。)

④右の図

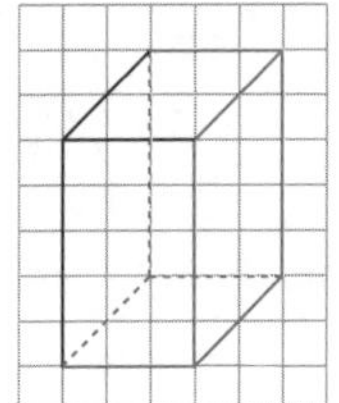

❷ ❶辺サシ

❷点イ

考え方

❶ となり合う2辺が等しい直方体には，正方形の面があります。

参考 直方体と立方体の面の数，辺の数，頂点の数は下の表のようになっています。

	面の数	辺の数	頂点の数
直方体	6	12	8
立方体	6	12	8

❷ 見取図は右のようになります。

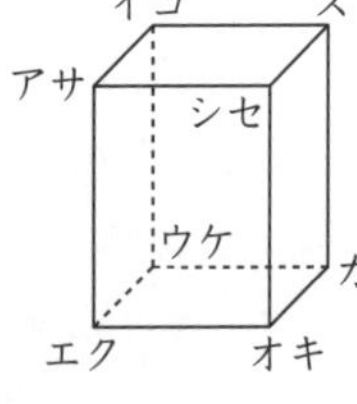

❶ 辺アセと重なるのは，辺サシです。

❷ 点コと重なるのは，点イです。

ハイレベル＋＋　114〜115ページ

❶ 直方体…オ　　立方体…イ

❷ ❶60cm　　❷24g

❸
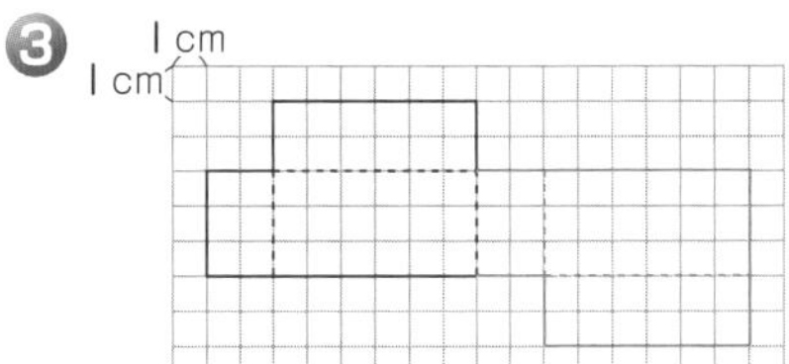

❹ ア，イ，ウ，オ

❺ ❶184cm² ❷10cm

❻ 24cm

❼ ⑤，⑧，⑨，⑩

❽ ❶㋓ ❷㋒

考え方

❷ ❶ 立方体の辺の数は12だから，必要な竹ひごの長さは，5×12＝60(cm)

❷ 立方体の頂点の数は8だから，必要なねん土の重さは，3×8＝24(g)

❸ 面と面のつながりを考えてかきましょう。辺の長さは2cm，3cm，6cmだから，直方体の面は，2cmと3cmの辺をもつ長方形，2cmと6cmの辺をもつ長方形，3cmと6cmの辺をもつ長方形が，それぞれ2つずつあります。

❺ ❶ 4cmと5cmの辺をもつ長方形，4cmと8cmの辺をもつ長方形，5cmと8cmの辺をもつ長方形が，それぞれ2つずつあるから，すべての面の面積を合計すると，

(4×5＋4×8＋5×8)×2＝(20＋32＋40)×2
＝184(cm²)

❷ 同じ長さの辺が4つずつあるから，たて，横，高さをたすと，120÷4＝30(cm)

また，横の長さを□cmとすると，たての長さは□－1(cm)，高さは□＋1(cm)と表されます。

したがって，(□－1)＋□＋(□＋1)＝30

つまり，□＋□＋□＝30だから，□＝10で，横の長さは10cmです。

❻ リボンは6つの面にかかっていて，そのうち2つの面には十字にかかっています。つまり，リボンの長さのうち，結び目をのぞいた分は立方体の辺の長さ8つ分に相当します。立方体の箱の1辺の長さは，(212－20)÷8＝24(cm)

❼ 組み立てて立方体にするとき，どの面がたりないかを考えましょう。

❽ ❶ 直方体は，2cm，3cm，4cmの辺をもつことになります。

❷ 2cmの辺か3cmの辺が8つあることになるので，あとの2枚として考えられるのは，1辺が2cmか3cmの正方形です。

標準レベル＋ 116～117ページ

例題1 ①㋒

②㋑，㋔，㋓，㋕(順番はちがってもよい。)

1 ❶面㋔

❷面㋐，面㋑，面㋒，面㋓

例題2 ①DH，CG(順番はぎゃくでもよい。)

②AB，AD，EF，EH(順番はちがってもよい。)

2 ❶辺AB，辺EF，辺HG

❷辺AD，辺BC，辺DH，辺CG

例題3 ①EF，FG，EH，HG

(順番はちがってもよい。)

②AE，BF，CG，DH

(順番はちがってもよい。)

3 ❶辺AD，辺AE，辺DH，辺EH

❷辺AB，辺DC，辺EF，辺HG

例題4 5，4，3

4 (横0cm，たて4cm，高さ0cm)

考え方

1 ❷ 立方体の面は6つで，面㋕自身をのぞくと残りは5つです。そのうち，平行な面である面㋔以外の4つが，面㋕に垂直です。

4 横と高さがないので，それぞれ0cmです。

ハイレベル＋＋ 118～119ページ

❶ ❶平行…面㋑，垂直…面㋐，面㋕，面㋒，面㋔

❷平行…辺AD，辺EH，辺FG

垂直…辺AB，辺BF，辺DC，辺CG

❸平行…辺DC，辺CG，辺DH，辺HG

垂直…辺AD，辺BC，辺EH，辺FG

❷
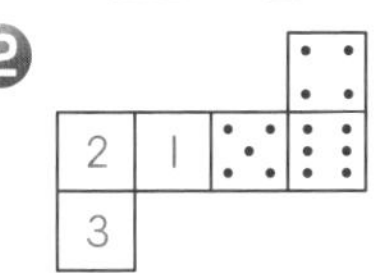

❸ ❶点C…(横5，たて4)
点D…(横7，たて0)
❷右の図

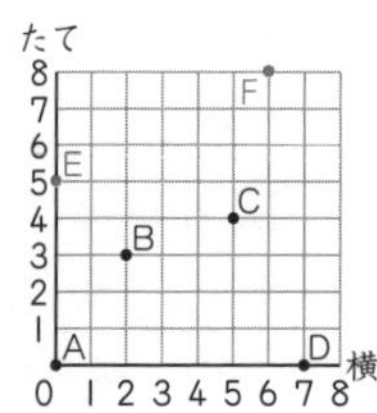

❹ 点イ…(横6cm，たて4cm，高さ7cm)
点ウ…(横6cm，たて2cm，高さ4cm)

❺ ❶面㋔
❷面㋐，面㋒，面㋔，面㋕
❸面㋒，面㋕

❻ ❶辺HG　❷

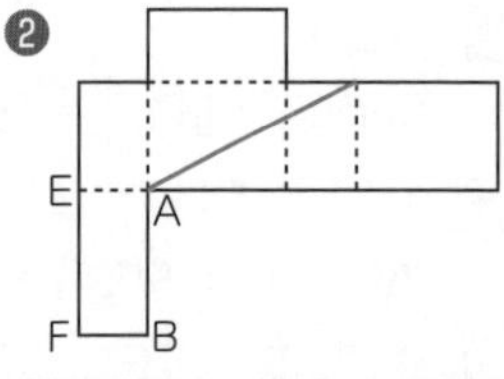

考え方

❷ 1と6，2と5，3と4の面が，それぞれ向かい合うことになります。

❸ ❶ 点Dは横のじくの上にあるので，たては0になります。
❷ 点Eは横0なので，点Aのま上にあります。

❺ 右の図のように，展開図を組み立ててできる立方体の見取図に，㋐〜㋕の面や辺オコをかいて考えるとよいでしょう。

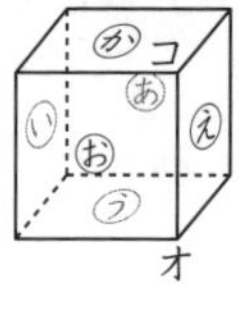

❶ 面㋐と向かい合っている面だから，面㋔です。
❷ 面㋓ととなり合っている面だから，面㋐，面㋒，面㋔，面㋕です。
❸ 辺オコは，面㋒の2つの辺と垂直だから，辺オコは面㋒に垂直です。同じように，面㋕にも垂直です。

❻ ❶ 点アは，辺HG上の，点Hから6cmのところにあります。
❷ 展開図の面AEFBから，この展開図は，直方体の面の外側が表になるようにかかれていることがわかります。面AEFBをもとにして，展開図に頂点を書き入れると，上の図のようになります。

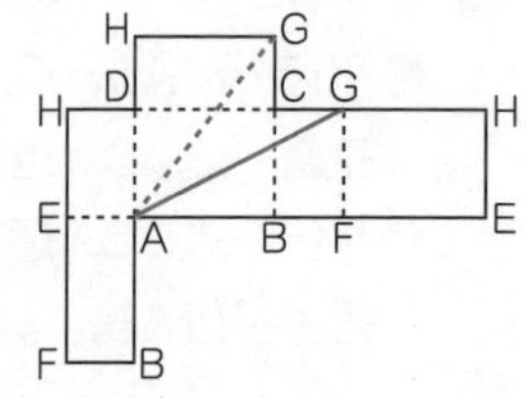

糸は頂点Aから頂点Gまではりますが，2つの点を通る線のうち，もっとも短いのはその2点をむすぶ直線なので，糸を表す線は点Aと点Gを結ぶ直線になります。この展開図では，点Gが2か所あるので，直線AGも2つひけますが，糸は辺BCを通ることになっているので，あてはまるのは図の実線のほうです。

しあげのテスト(1)　巻末折り込み

1 (1)① 12あまり4　② 116　③ 12
④ 48　⑤ 3.92　⑥ 280.24
⑦ 0.23　⑧ 7あまり4.2
(2)① 10.12　② 13.91　③ 5
④ 1　⑤ 137億（おく）　⑥ 9億9325万
(3)① 25000　② 12000　③ 32800
④ 7128

2 (1)① 60°　② 290°　③ 35°
(2)① 3096cm²　② 1538cm²
(3)① 3　② 4　③ 4

3 (1)㋐5　㋑8　㋒8　㋓15　㋔11　㋕12　㋖23
(2)23人　(3)8人　(4)5人

4 (1)㋐13　㋑17　㋒21　㋓25　㋔29
(2)4 cmふえる。　(3)□×4＋1＝○
(4)201cm

5 (1)約820000　(2)約1250000
(3)約28000000　(4)約12

6 (1)3200550200035　(2)522.8
(3)4　(4)16　(5)21
(6)① $4\frac{2}{7}$　② $7\frac{6}{7}$

考え方

1 (1)④

```
      48
 11)528
    44
     88
     88
      0
```

⑤

```
   0.56
 ×    7
   3.92
```

⑥

```
    9.04
  ×  31
     904
   2712
  280.24
```

⑦

```
     0.23
 39)8.97
    78
    117
    117
      0
```

⑧

```
     7
 9)67.2
   63
    4.2
```

(2)③ $3\frac{1}{4}+1\frac{3}{4}=4\frac{4}{4}=5$

④ $5-1\frac{3}{8}-2\frac{5}{8}=4\frac{8}{8}-1\frac{3}{8}-2\frac{5}{8}$

$=3\frac{5}{8}-2\frac{5}{8}=1$

⑥

```
   9  9 4
  1̸0億0̸2 5̸0万
 －    9 2 5万
   9億9 3 2 5万
```

(3)①② かけ算のみの式は計算の順序を入れ替えられるので，8×125＝1000や4×250＝1000を利用して計算していきます。

③ 328×79＋328×21＝328×(79＋21)
＝328×100＝32800

④ 99×72＝(100－1)×72
＝100×72－1×72
＝7200－72＝7128

2 (1)① 180°－40°－80°＝60°
② 360°－70°＝290°
③ 90°－45°－10°＝35°

(2)① 色をぬっていない部分を片方に寄せると，縦が50－7＝43(cm)
横が80－8＝72(cm)の長方形になります。

② 穴のあいた部分の面積は，一辺12cmの正方形と縦14cm，横25cmの長方形を合わせた面積から，縦4cm，横8cmの長方形の面積をのぞいた大きさで，

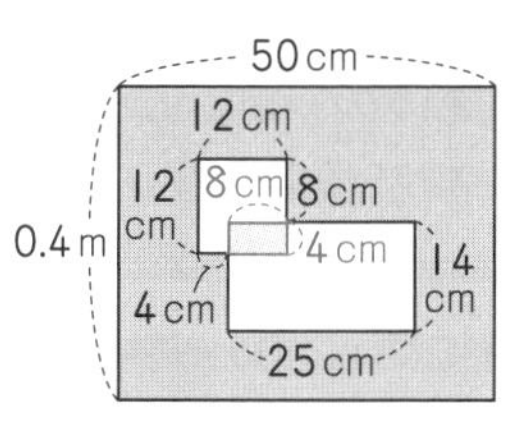

12×12＋14×25－4×8＝462(cm²)
なので，40×50－462＝1538(cm²)

3 「弟がいる人」→弟も妹もいる人と，弟はいるが妹はいない人
「妹がいる人」→妹も弟もいる人と，妹はいるが弟はいない人
クラスの人数→㋑＋㋓または㋔＋㋕
問題文をよく読み，表のどの部分がどのことを表しているかを考えながら，人数を書き入れていきましょう。

4 (4) 50×4＋1＝201(cm)

6 (2) 580－57.2＝522.8(cm)
(3) 1500－198×2－128×3－145×3＝285
285÷63＝4あまり33
(6) ある数は，$\frac{5}{7}+3\frac{4}{7}=3\frac{9}{7}=4\frac{2}{7}$
正しい答えは，$4\frac{2}{7}+3\frac{4}{7}=7\frac{6}{7}$

しあげのテスト(2)　巻末折り込み

1 (1)①16　②154あまり1
③123　④4あまり34
⑤1278.8　⑥0.086　⑦0.525
⑧約0.66

(2)①52.007　②9.957　③$1\frac{7}{9}$
④$2\frac{6}{7}$　⑤9970億（おく）　⑥4500万

(3)①300　②30　③150
④9

2 (1)①329cm²　②516cm²
(2)①Ⓐ1　Ⓑ5　Ⓒ4
②アイ…カオ　エコ…シス　イウ…オサ
③オ…イ　セ…ケ

3 (1)20cm　(2)㋐65°　㋑115°

4 (1)下の図　(2)7月から8月

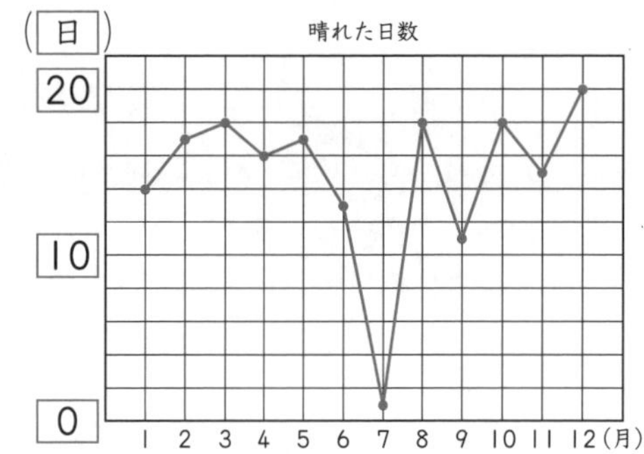

(3)例（れい）：晴れた日がいちばん多い月は12月です。
晴れた日がいちばん少ない月は7月です。
2月と5月は晴れた日数が同じです。

5 (1)48　(2)53cm

6 (1)三兆（ちょう）六千二百七十一億七千六百三十万
(2)362717630
(3)100000

7 (1)①3.85km　②0.45km
(2)9
(3)37500人以上38499人以下
(4)$1\frac{4}{5}$kg
(5)2本とれて，7.2mあまる

考え方

1 (1)③
```
      123
75)9225
    75
    172
    150
     225
     225
       0
```
④
```
        4
219)910
     876
      34
```
⑥
```
   0.086
7)0.602
    56
     42
     42
      0
```
⑦
```
  0.525
8)4.2
  40
   20
   16
    40
    40
     0
```
⑧
```
     0.663
36)23.9
   216
    230
    216
     140
     108
      32
```

(2)①
```
   51.92
+  0.087
  52.007
```
②
```
   10.000
-  0.043
    9.957
```

③ $5\frac{2}{9}-3\frac{4}{9}=4\frac{11}{9}-3\frac{4}{9}=1\frac{7}{9}$

⑤ 1兆－30億＝10000億－30億＝9970億

(3) 計算の順序は次のとおりです。
・左から順に計算する。
・(　)のある式は(　)の中を先に計算する。
・×や÷は，＋や－より先に計算する。

2 (1)② 18×31－(18－11)×(31－9－16)
＝516(cm²)

(2) 組み立てると，右のようになります。

3 (1) 向かい合う辺の長さは等しいので，
6×2＋4×2＝20(cm)

5 (1) 赤いひもは，青いひもの6×8＝48(倍)です。
(2) 2544÷48＝53(cm)

6 (2) 右から0を4個とります。
(3) 5けたちがうので，100000倍です。

7 (2) ある数は82×3＋6＝252です。
正しい答えは，252÷28＝9です。
(3) 上から2けたのがい数にしたら38000人になったので，百の位を四捨五入しています。
(4) $3\frac{3}{5}-1\frac{4}{5}=2\frac{8}{5}-1\frac{4}{5}=1\frac{4}{5}$(kg)

2 1 0 9 8 7 6 5 4 3
＊ ＊ D C B A